“十二五”“十三五”国家重点图书出版规划项目

风力发电工程技术丛书

增速型风力发电机组结构设计技术

马铁强　王士荣　编著

中国水利水电出版社
www.waterpub.com.cn
·北京·

内 容 提 要

本书是《风力发电工程技术丛书》之一，细致地阐述了增速型风力发电机组的结构特点、总体设计流程与设计方法、部件结构设计与选型等方面内容。本书共7章，主要包括绪论、风力发电机组结构设计、风轮结构规划与设计、主轴子系统结构规划与设计、增速齿轮箱结构规划与设计、液压与制动系统规划与设计、支撑结构规划与设计等内容。本书引用了大量实际工程案例，融汇了作者多年积累的工程设计经验和理论研究成果，具有鲜明的理论与实践相结合的特点。

本书可供高等院校相关专业师生及风电企业的高级工程技术人员学习和阅读参考。

图书在版编目（CIP）数据

增速型风力发电机组结构设计技术 / 马铁强，王士荣编著. -- 北京 : 中国水利水电出版社，2017.2
（风力发电工程技术丛书）
ISBN 978-7-5170-5217-3

Ⅰ. ①增… Ⅱ. ①马… ②王… Ⅲ. ①风力发电机－发电机组－结构设计 Ⅳ. ①TM315

中国版本图书馆CIP数据核字(2017)第046035号

	风力发电工程技术丛书
书　名	**增速型风力发电机组结构设计技术**
	ZENGSUXING FENGLI FADIAN JIZU JIEGOU SHEJI JISHU
作　者	马铁强　王士荣　编著
出版发行	中国水利水电出版社
	（北京市海淀区玉渊潭南路1号D座　100038）
	网址：www. waterpub. com. cn
	E-mail：sales@waterpub. com. cn
	电话：（010）68367658（营销中心）
经　售	北京科水图书销售中心（零售）
	电话：（010）88383994、63202643、68545874
	全国各地新华书店和相关出版物销售网点
排　版	中国水利水电出版社微机排版中心
印　刷	三河市鑫金马印装有限公司
规　格	184mm×260mm　16开本　9.25印张　220千字
版　次	2017年2月第1版　2017年2月第1次印刷
印　数	0001—3000册
定　价	**50.00**元

《风力发电工程技术丛书》

编　委　会

主要参编单位 （排名不分先后）

河海大学
中国长江三峡集团公司
中国水利水电出版社
水资源高效利用与工程安全国家工程研究中心
水电水利规划设计总院
水利部水利水电规划设计总院
中国能源建设集团有限公司
上海勘测设计研究院有限公司
中国电建集团华东勘测设计研究院有限公司
中国电建集团西北勘测设计研究院有限公司
中国电建集团中南勘测设计研究院有限公司
中国电建集团北京勘测设计研究院有限公司
中国电建集团昆明勘测设计研究院有限公司
中国电建集团成都勘测设计研究院有限公司
长江勘测规划设计研究院
中水珠江规划勘测设计有限公司
内蒙古电力勘测设计院
新疆金风科技股份有限公司
华锐风电科技股份有限公司
中国水利水电第七工程局有限公司
中国能源建设集团广东省电力设计研究院有限公司
中国能源建设集团安徽省电力设计院有限公司
华北电力大学
同济大学
华南理工大学
中国三峡新能源有限公司
华东海上风电省级高新技术企业研究开发中心
浙江运达风电股份有限公司

前　言

随着世界人口不断增长和工业经济的日趋繁荣，人类社会对能源的需求总量持续攀升，导致化石能源等一次能源消耗殆尽。传统能源格局的不合理在能源供应紧张中逐步凸显。为了优化能源产业结构，世界各国正寻求风能、太阳能、生物质能、核能、潮汐能、地热能、空气热能等新型的可再生能源，并在过去30年间获得了飞速进展。目前，风能已成为我国第三大能源形式，风电装机容量和并网发电容量仍在以较高的速度持续增长。

我国在20世纪70年代就开始了风能领域的技术探索和研究。直到21世纪初，随着世界能源形势的日趋紧张，我国开始逐步加大风能领域的技术攻关和产业推广力度，并已取得了长足进展，至今已陆续涌现出一批优秀的风电企业和科研院所，还有更多的企业、高校和科研机构不断地投身于风能产业。

作者自2009年以来，一直工作在风电行业第一线，从事风电领域的科研、教学和新产品研发工作，因此在本书中汇集了风电领域的多项产品研发经验成果、最新研究技术和教学实践经验。本书内容聚焦于增速型风力发电机组机械结构的规划、设计和选型方法。增速型风力发电机组是水平轴风力发电机组的主流结构，广泛应用于双馈式、半直驱等机型的风力发电机组中。本书对高等院校相关专业的本科生、研究生及风电企业的高级工程技术人员学习和研究风力发电机组结构设计的相关技术有一定的参考价值。

本书共分7章，其中马铁强撰写了大部分书稿内容，王士荣为全书整理和编排了大量具有重要实践价值的工程案例，孙德滨、苏阳阳等研究生协助校对了全书的文字、图片、模型、数据、表格和公式等内容。此外，刘颖明、王允生、张森林、孙传宗也参与编写了书中部分内容，为本书出版提出了建议。

本书还得到了沈阳工业大学姚兴佳教授的支持，姚教授对本书的撰写和出版提出了许多宝贵的建议，在此一并表示衷心感谢。

本书编写水平有限，疏漏之处在所难免，恳请读者给予批评指正。

作者

2017年2月

目　录

第1章 绪 论

自20世纪初世界上第一台风力发电机组问世以来，风力发电技术经历了近百年的发展历程，其中相当长的时期内，仅仅被作为一种解决局部地区或个别家庭用电的小型发电装置，技术发展相对缓慢。

从20世纪70年代开始，全球性能源危机逐步显现，传统化石能源的大量消耗不仅将人类世界拉到了能源枯竭的危险边缘，化石能源消费所形成的环境污染也日益困扰着全球。人们转而将视野投向风能、太阳能、生物质能以及核能等新型可再生能源。自此风力发电开始被人们所熟知，受到世界各国重视，逐渐成长为一种主要的能源形式。

到21世纪初，风力发电产业呈现出爆炸式的迅猛发展态势，全球装机容量和风电场数量连年大幅增长。随着人类大规模开发利用风能的需求不断增长，传统的以局部地区应用为主的中小型风力发电设备已经难以满足发展要求，较大装机容量的风力发电机组逐渐成为全球企业竞相发展的关键能源装备。

目前，国际主流风力发电机组单机装机容量通常超过1MW，已成为解决大规模风电并网问题的关键设备，是风电行业重要基础型设备。截至2015年年底，全球风电总装机容量已经达到了432419MW，新增装机容量达到63013MW，并且随着生产规模的不断扩大，风力发电机组在改善全球能源结构方面所发挥的作用逐步凸显。

1.1 风力发电机组机械结构概述

风力发电机组是一种涉及机械、电气、控制、空气动力学等多学科的复杂装备，由机械系统、电气系统、控制系统等不同系统构成，各系统之间既彼此独立又相互联系。实际工程中，风力发电机组机械结构设计往往被视为独立的工作内容。

风力发电机组包括风轮、机舱和塔架等结构，其中风轮由叶片和轮毂组成。叶片以一定的空气动力外形在气流作用下产生风轮旋转驱动力矩，并通过轮毂将力矩输入到传动系统。机舱由底盘、机舱罩及传动系统等结构构成，底盘上安装除主控制器以外的主要部件。机舱罩上面装有风速和风向传感器，舱壁上有隔音和通风装置等，底部与塔架连接。塔架支撑机舱达到特定风能捕获效果所需的高度，安置了发电机和主控制器之间的动力、控制和通信电缆，还装有供操作人员上下机舱的爬梯，一些超大型风力发电机组还设有升降梯。整个塔架安装于钢筋混凝土基础上，基础结构根据机位处的水文、地质状况而定。图1-1为风力发电机组机械结构构成图。

风力发电机组机舱内主要结构如图1-2所示，包括轮毂与变桨距结构、主传动系统结构、传动链支撑结构、偏航与回转支承结构、塔架结构、液压与制动系统等。

(1) 轮毂与变桨距结构。由叶片、变桨距机构、轮毂及辅助组件和零件构成，变桨距机

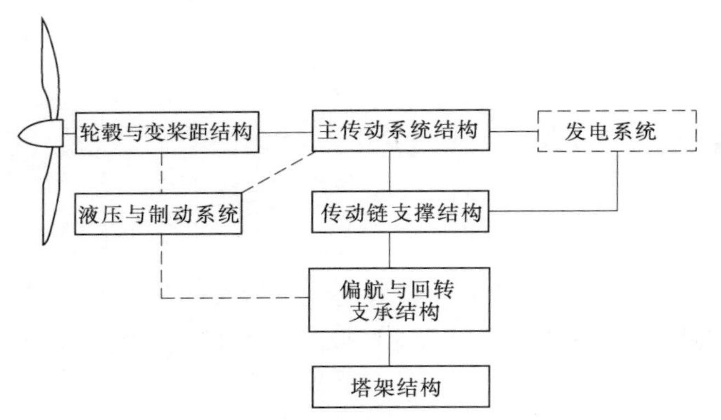

图1-1 风力发电机组机械结构构成图

构负责链接叶片和轮毂，并控制叶片相对轮毂的位置和运动关系。

（2）主传动系统结构。风轮轴到发电机输入端的机械传动装置，包括主轴及其支撑结构、增速传动装置、发电机、联轴器等部件。

（3）传动链支撑结构。用于支撑和固定主传动系统及其辅助的机电液控制装置，其结构是根据主传动系统的结构适应性定制开发。

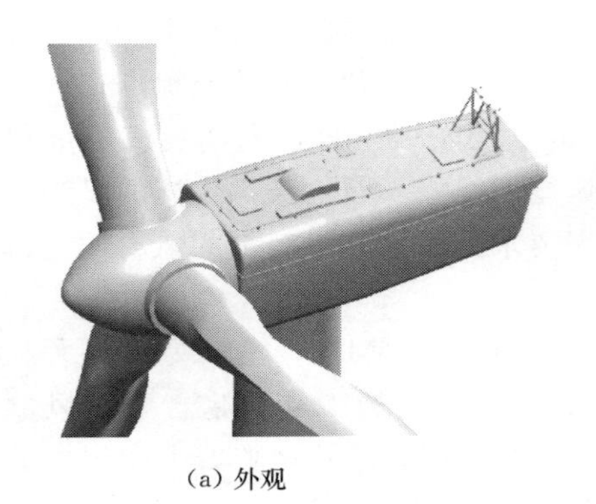

(a) 外观

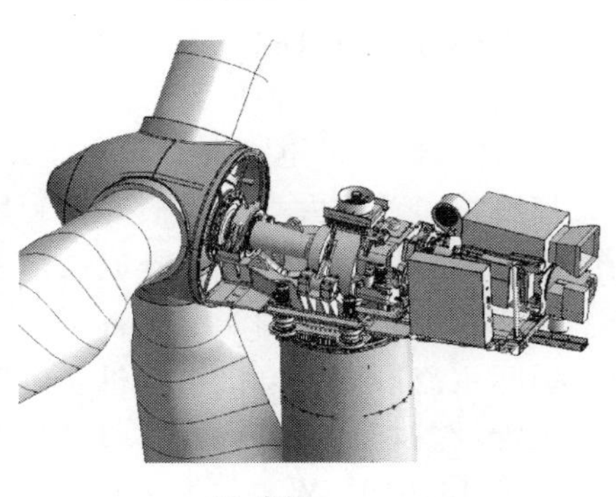

(b) 内部

图1-2 风力发电机组结构

（4）偏航与回转支承结构。由回转轴承、偏航驱动装置及辅助机电液控制装置构成，将机舱与塔架连接起来，并控制机舱相对塔架做回转运动。

（5）塔架结构。用于支撑风力发电机组的机舱、风轮等工作部件，承受由回转支承传递而来的各种载荷。

（6）液压与制动系统。液压系统为主传动系统、偏航机构提供制动力和力矩，为变桨距机构提供动力的液压机械装置，包括液压站、输油管、液压执行机构等。

为了保证各子系统的协调可靠运行，风力发电机组还配有各种传感器，以监测风力发电机组的温度、油位、转速、振动等运行状态，控制系统根据测得的状态值进行适应性调节。

1.2 风力发电机组的传动结构分类

风力发电机组有很多种不同的分类方法，可根据传动系统结构、风轮轴朝向、单机发电容量、叶片变桨距驱动形式、发电机转速范围等进行分类。

1.2.1 增速型风力发电机组结构及特点

增速型风力发电机组是主传动系统中应用了齿轮箱等增速传动机构的风力发电机组。

该类风力发电机组通过增速传动机构将风轮在风力作用下产生的转矩和转速，转换为发电机正常运行所需的转速和转矩。该类风力发电机组通过增速传动机构将风轮与发电机隔离，使发电机运行更平稳；发电机得到有效保护；增速传动机构的使用，使发电机转子可以运行在较高的转速，有效减少发电机的极对数，使发电机体积更小、成本更低。但是增速传动机构的使用，也增加了风力发电机组的总成本。

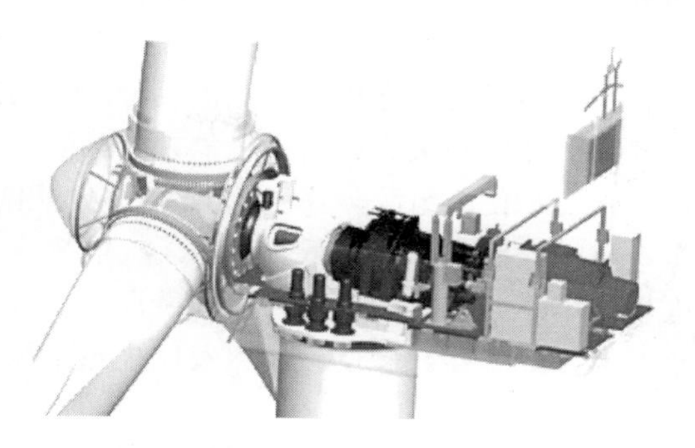

图1-3 增速型风力发电机组结构示例

图1-3为沈阳工业大学风能技术研究所设计的3MW风力发电机组，该风力发电机组采用了增速型风力发电机组结构。

1.2.2 直驱型风力发电机组结构及特点

直驱型风力发电机组是由风轮轴直接拖动发电机转子在较低转速下运行的风力发电机组。该类风力发电机组结构省去了增速齿轮箱，减少了传动损耗，提高了发电效率。由于增速传动机构是风力发电机组中故障频率较高的部件。如果风力发电机组中省去了齿轮箱及其附件，那么传动结构得以简化，风力发电机组在低转速下运行，可靠性会更高。此外，省去了增速传动机构可减少风力发电机组零部件数量，节省了更换齿轮箱油的成本。图1-4为某型号的2MW风力发电机组，该风力发电机组即采用了风轮直驱型风力发电机组结构。

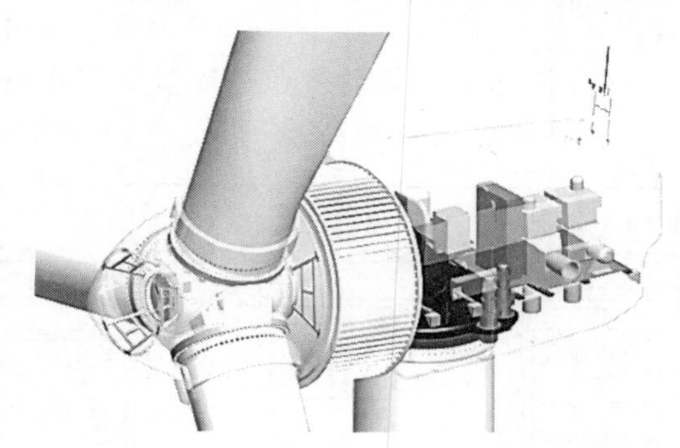

图1-4 直驱型风力发电机组结构示例

鉴于带增速传动机构的风力发电机组结构复杂，而且技术发展成熟，总装机容量占国内总装机容量的绝大多数，因此本书以此类风力发电机组为例，阐述风力发电机组结构的设计方法。

1.2.3 增速型与直驱型风力发电机组技术对比

1. 优点

目前，约60%以上风力发电机组是采用带增速传动机构的风力发电机组。增速型风力发电机组可以是高传动比的双馈式风力发电机组，也可以是中传动比结构的永磁同步风力发电机组，即俗称的混合式风力发电机组。这使得增速型风力发电机组的被选方案更多。其中，采用中传动比的永磁同步风力发电机组，转子转速较高，发电机体积更小，结构更为紧凑，永磁材料的用量更少，可降低整机成本。采用增速传动机构将风轮转速提升到较高范围，可有效地提高发电机效率。

2. 缺点

增速型风力发电机组的主流机型为双馈式风力发电机组。该机型在亚同步速状态时运行，需要从电网吸收少量能量供转子励磁。增速型风力发电机组中的齿轮箱，增加了传动链的长度，使机组故障率大大增加。从机械结构考虑，齿轮箱使传动链的摩擦和磨损增多，机械效率将有所降低。此外，齿轮箱是风力发电机组中故障率最高的部件，会增加风电场的维修、定检和保养方面的费用。

但无论怎样，增速型风力发电机组是风力发电机组设计和技术发展的主流和趋势。

1.3 增速型风力发电机组结构设计

基于增速型风力发电机组的诸多优点，该类风力发电机组目前已成为国际上发展最成熟、应用最广泛的机型。

1.3.1 风力发电机组多学科协同设计方法

风力发电机组设计制造过程包括概念设计、初步设计、详细设计、工厂总装、吊装调试、运行测试等阶段。根据风力发电机组设计过程及各阶段设计内容，结合风力发电机组制造企业在气动载荷计算、机组设计与建模、结构分析和控制仿真等业务环节的实际情况，本书提出了风力发电机组多学科协同设计方法，具体流程如图 1-5 所示。

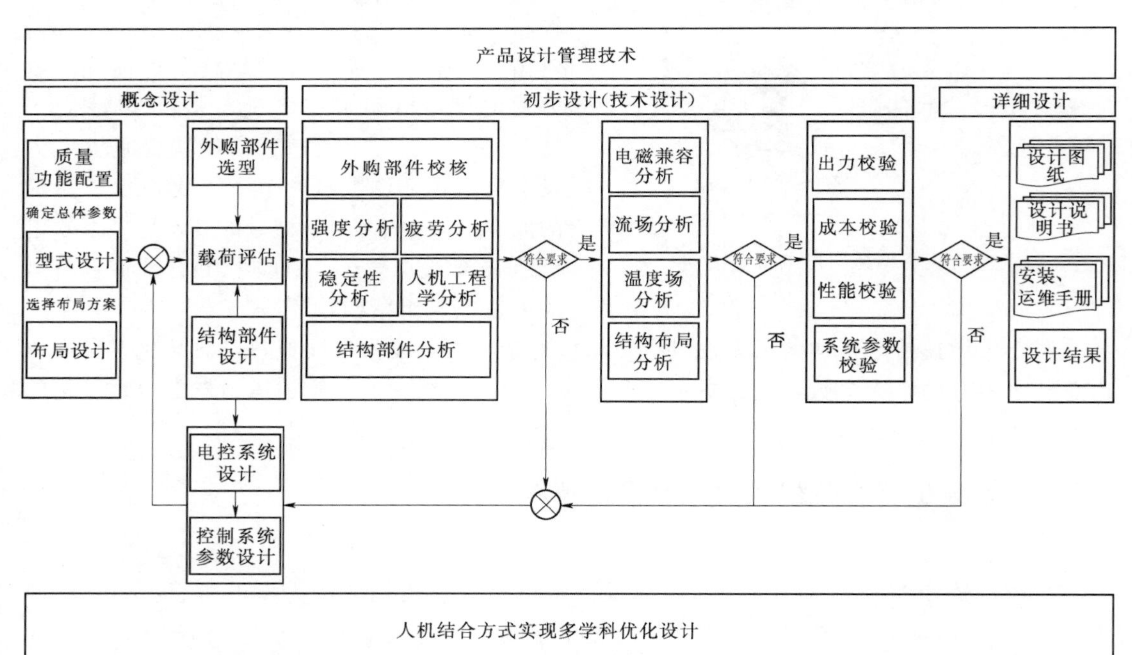

图 1-5 风力发电机组多学科协同设计

该流程将风力发电机组设计工作分为三个主要环节，即概念设计、初步设计和详细设计。

概念设计阶段通过质量功能配置，将用户对机组的需求转化为机组性能参数；然后从双馈式、直驱式、半直驱式等机型中选择具体型式，完成风力发电机组的总体型式设计，再确定传动系统的构成及布局方案。

初步设计阶段分为四个环节，即选型与设计、结构性能分析、结构布局分析和系统参数校验等环节。对各个环节而言，若分析结果不符合设计要求，将校验结论向选型和设计环节反馈，三个环节共有三次反馈，反馈环节相互交错，使初步设计阶段实现闭环目标。

在初步设计合格之后，详细绘制风力发电机组的设计图纸、设计说明书及安装和运维手册。

风力发电机组多学科协同设计流程使风力发电机组在满足结构和部件的力学性能要求、总体布局合理性要求及总体经济性要求的条件下，使风力发电机组结构更为优化、设计周期更短。该流程将机械系统和电气系统的选型和设计工作并行开展，能够缩短一定的工期。

1.3.2 风力发电机组一体化建模方法

现代风电企业大多采用数字化设计方法设计和开发风力发电机组，用软件设计机组可以有效提高效率。本书提出风力发电机组一体化建模方法，即以多学科协同设计流程为基础，利用现代化的产品设计管理技术实现设计流程中各个业务环节的数据集成，用人机结合的方法对各个业务环节的风力发电机组设计任务进行解耦，对结果进行优化。图 1-6 为该方法的示意图。

风力发电机组一体化设计方案包括模型和参数两个层面，分别向仿真分析、结构力学分析、布局分析、经济性分析等环节做投影视图，形成针对不同环节的模型和数据视图。风力发电机组一体化建模方案从风力发电机组及其部件的选型设计开始，并以设计选型产生的参数和模型为核心，根据不同转换规则进行映射。风力发电机组一体化建模方案的采用，使大功率风力发电机组设计、分析及优化过程在数据层实现了集成。

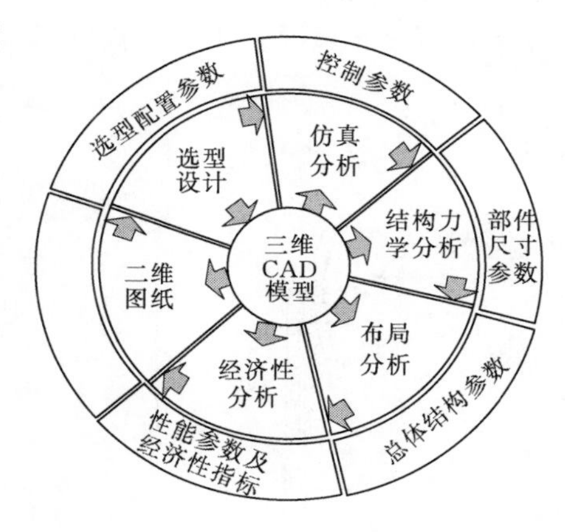

图 1-6 风力发电机组多学科一体化建模

由于集成的模型和参数具有高相关性，造成各个环节任务强耦合，因此普通优化方法难以快速形成收敛的优化解决方案，可用人机结合的方法予以寻优。产品设计管理工具可在网络上实现多工位、多环节、多部门即时互联互通，是实现人工干预和约束下的风力发电机组多目标优化的有力工具。

第 2 章　风力发电机组结构设计

风力发电机组结构设计与其他机械产品的设计方法略有不同，需要考虑风电场的地理、气候和环境要素，同时依照或参考标准规定的通行技术要求。

2.1　风力发电机组设计影响因素和载荷

风力发电机组是在随机瞬变风载荷下实现风电能量转换的高耸发电系统，风轮直径和塔高达到百米量级，工作环境复杂恶劣，且需要无人值守、全天候运行。风力发电机组设计、制造及工程应用，需要综合考虑气动、机械、电气、控制、海洋地质等多学科因素。为了保证风力发电机组在 20 年寿命期内安全可靠运行，必须掌握风力发电机组的运行环境和设计影响因素。

2.1.1　风力发电机组设计考虑的环境条件

风力发电机组设计中需要考虑诸多因素，包括图 2-1 所示的风况、海况及其他因素。最主要的因素是风况，用于校核机组设计方案的可靠性，验证风力发电机组的控制参数。

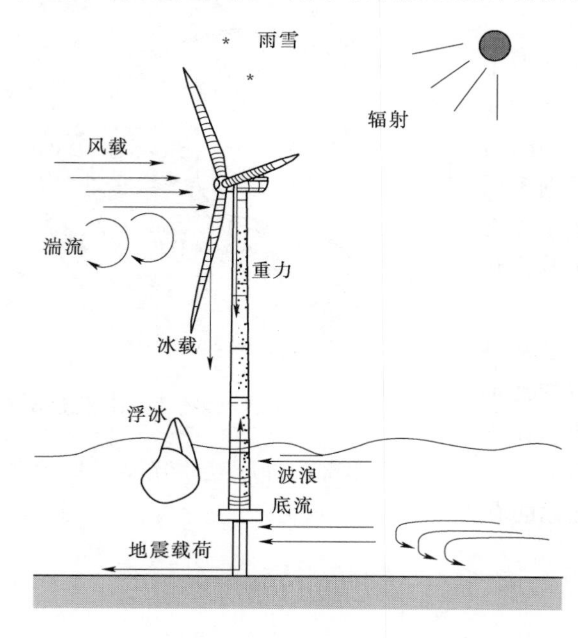

图 2-1　风力发电机组设计考虑的复杂环境条件

2.1.1.1　风况条件

1. 风况及其分类

从载荷和安全考虑，设计风况分为正常风况和极端风况两类。正常风况是指风轮正常运行期间频繁出现的风况；极端风况是指 1 年一遇或 50 年一遇的极限风况。风可以分解为稳定的平均气流和变化的阵风或湍流，并要考虑平均气流和水平面夹角达到 8°时的影响。湍流是指风速矢量相对于 10min 平均值的随机变化，是由纵向、横向和竖向三个方向分量共同构成的矢量。风电场测风数据有随机性，且风况十分复杂，IEC 标准规定了一些标准的风况模型，以简化风力发电机组的计算与校核过程。

2. IEC 规定的风况模型

正常风况由正常的风速分布模型、正常风廓线模型和正常湍流模型来描述，表现正常情况下风在时空中的分布情况及波动

情况。

（1）风速分布模型。描述了常规设计工况中各种载荷状态出现的频率。如果轮毂高度处年平均风速为 v_{hub}、标准风力发电机组安全等级规定的年平均风速为 v_{ave}，则轮毂高度处 10min 时间周期内平均风速符合瑞利（Rayleigh）分布。

（2）正常风廓线模型（NWP）。由于流体的平板边界效应，风速会随着距地高度增加而增加。正常风廓线模型描述了平均风速 v 对竖直高度 z 的函数，可表示风轮扫掠面上沿竖直高度的风切变情况，这是造成风轮不平衡载荷的重要原因之一。正常风廓线公式为

$$v(z)=v_{hub}\left(\frac{z}{z_{hub}}\right)^{\alpha} \tag{2-1}$$

式中 z_{hub}——轮毂高度；

α——指数，可取 0.2。

（3）正常湍流模型（NTM）。正常湍流模型中的纵向湍流标准偏差 σ_1 由轮毂中心风速的 90% 概率的标准偏差确定。湍流是造成风轮载荷波动的主要原因，也会形成对风力发电机组的振动激励。σ_1 计算公式为

$$\sigma_1=I_{ref}(0.75v_{hub}+5.6) \tag{2-2}$$

极端风况模型用于计算风力发电机组的极端风载荷，是风速随着时空极端变化造成的峰值。IEC 标准规定，风力发电机组设计应考虑极端风速模型、极端运行阵风、极端湍流模型、极端风向改变模型、带风向改变的极端连续阵风模型和极端风切模型 6 种极端风况模型。

2.1.1.2 海况条件

风力发电机组安装于滩涂、近海等环境时，受到海洋地质和水文条件的影响，结构和载荷状况与陆上情况区别明显，除了惯性、重力、气动及控制等载荷来源外，还受到海浪、海流、海冰、腐蚀、台风及雷电作用，其中海流、波浪是主要外载荷来源。与陆上相比，海上风力发电机组载荷工况有明显不同：年均风速更高，湍流度更低，风剪切更低，受低层喷流影响，受波浪、海流、海冰和船舶冲击，受风浪耦合作用，需考虑海床运动、海浪冲刷和海床不稳定因素。

海上风力发电机组设计，要考虑海况对风轮和机舱组合的不利影响。海况分为正常海况和极端海况。正常海况指在海上风力发电机组正常运行期间频繁出现的海洋状况。极端海况指 1 年一遇或 50 年一遇的海洋状况。

1. *波浪*

波浪无规则形状，传播的波幅、波长、速度时刻在变化，从不同方向靠近风力发电机组。随机波浪模型能很好描述波浪的特点。该模型由许多独立的、不同频率的部分组成，每一周期的波浪有不同的振幅、频率和方向，各部分相位关系随机。考虑到风和波浪的不确定性，必须要确保方向数据和风力发电机组技术的可靠性。根据规则波浪和随机海洋状况，波浪模型分为正常海洋状态、正常波浪高度、剧烈海洋状态、剧烈波浪高度、极端海洋状态、极端波浪高度、减少的波浪高度、破碎波 8 种类型。

2. *海流*

尽管海流随时空变化，但通常将其视为速度和方向恒定，仅深度变化的水平流场。海流速度由一些分量构成，分别是：潮汐、暴风雨和大气压力变化引起的水下海流；风产生

接近表面的海流；在近海岸位置，由波浪引起的平行于海岸的海浪流动。波浪引起的水粒子速度和流动速度将加快海流速度。波浪长度和周期对海流速度的影响可忽略不计。与波浪引起的水压相比，海流对海上风力发电机组水力疲劳负载的影响可能由于速度低而微不足道，研究人员视情况决定是否忽略海流对特定场地的疲劳载荷计算的影响。

海流模型分为水下海流、风产生的接近表面的海流、破碎波引起的海流、正常海流模型、极端海流模型等。

2.1.1.3　其他环境因素

在一些高纬度风电场，海水常出现季节性结冰或存留有浮冰。海冰对海上风力发电机组载荷的影响不容忽视。海冰载荷可以是坚固的冰层静载荷，也可以是风和海流引起的浮冰的动载荷。长时间的浮冰冲击对支撑结构会产生疲劳载荷。

海洋生物分泌有害物质，侵袭海上风力发电机组的支撑结构或附着于支撑结构表面，改变其表面质量、表面形状和表面纹理，影响海上风力发电机组的水力负载、动态响应和腐蚀性。

设计海上风力发电机组的支撑结构时，要考虑海床运动和海浪冲刷。根据海上风力发电机组相对海岸和海床的空间位置关系、地质条件和气候特点，分析可能的海床运动和海浪冲刷，采取适当的保护措施。

此外，风力发电机组还面临其他环境（气候）条件的作用，例如热、光、腐蚀、机械、电或其他物理作用。这些因素影响着风力发电机组的安全性和整体性能。设计文档中应明确标出有影响的因素，即温度、湿度、空气密度、阳光辐射、雨、冰雹、雪、冰、化学活性物质、机械作用微粒、雷电、地震、盐雾、台风等。除了上述自然界因素外，风力发电机组所处的电网环境也是风力发电机组设计应考虑的重要因素。

2.1.2　风力发电机组设计载荷及其来源

风力发电机组设计过程中应验证承载部件的结构性能，确保符合所要求的安全等级。结构性能验证可以参照 ISO 2394 标准进行极限强度和疲劳强度分析。结构验证试验的载荷水平应与适用于特征载荷的安全系数相对应。

2.1.2.1　载荷及其分类

载荷是指使结构或构件产生内力和变形的外力及其他因素。载荷可根据载荷来源、分析要求、时变特性等进行分类。

1. 由载荷来源分类

（1）重力载荷。由风力发电机组自身重力产生的载荷。

（2）惯性载荷。振动、旋转及地震作用下产生的惯性对风力发电机组形成的载荷。

（3）气动载荷。气流对于风力发电机组的结构部件作用引起的驱动载荷。

（4）驱动载荷。风力发电机组运行和控制所产生的载荷，发电机、偏航机构、变桨距机构、机械制动等动作均产生驱动载荷。

此外，气候、地质作用也会对风力发电机组形成载荷作用。

2. 由分析要求分类

（1）极限载荷。风力发电机组结构部件可能承受的最大载荷。

(2) 疲劳载荷。作用于风力发电机组结构部件的循环交变载荷，用于寿命设计。

3. 由时变特性分类

(1) 平稳载荷。均匀风速、叶片离心力、塔架重力等载荷。

(2) 循环载荷。风剪力、偏角、重力等形成的周期性载荷。

(3) 随机载荷。如湍流引起的空气动力载荷。

(4) 瞬变载荷。由阵风、开机、关机、冲击、变桨距等操作引起的载荷。

2.1.2.2 载荷影响和处理

风力发电机组的实际载荷多数为随时间和外部条件变化的随机载荷，不能直接用于机械结构设计和校核，必须经过统计、分析和处理，并且不同分析内容对载荷及其处理方法有不同要求，常用载荷包括极限载荷、疲劳载荷，分别针对风力发电机组结构的静强度分析和疲劳强度分析。

1. 极限载荷及其处理

风力发电机组在特定工况下受极限载荷作用结构不破坏，则其结构可靠性基本能够保证。特定工况包括切出风速附近风力发电机组正常运行、50 年一遇风速下风力发电机组停机、保护系统故障或高风速下的故障运行等。极限载荷并非确定值，难以通过实验准确地观测和记录，而且观测的峰值具有偶然性，将其作为输入条件设计的风力发电机组结构，制造成本偏高。通行做法是以一定时域内的观测或仿真数据为基础，通过数理统计方法估计极限载荷。

典型的极限载荷评估方法包括统计模型法、半解析模型法等，由仿真获得时域上的仿真最大值，由均值、偏差等统计数据构造概率分布函数，得到概率分布函数指定置信度的最大载荷置信区间，以此估计载荷极值，并修正极值。不同估计模型的精度存在差异，如前述的半解析模型法的精度高于统计模型法。

2. 疲劳载荷及其处理

疲劳载荷是风力发电机组所承受的周期性或循环载荷，是风力发电机组结构疲劳损伤或破坏的诱因。多数情况下作用在风力发电机组结构上的载荷随时间变化，这种加载过程称为载荷—时间历程，由于疲劳载荷在微观上有随机性和不确定性，实测的载荷—时间历程无法直接使用，必须进行统计处理。将实测的载荷—时间历程加工成具有代表性的典型载荷谱的过程称为编谱。

常用的疲劳载荷统计分析方法有两类：计数法和功率谱法。产生疲劳损伤的主要原因是循环次数和应力幅值，因此编谱过程必须遵循一定的等效损伤原则，将随机的应力—时间历程简化为一系列不同幅值的全循环和半循环，这一简化的过程叫做计数法，雨流计数法就是较常用的计数法。功率谱法是借助傅里叶变换，将连续变化的随机载荷分解为无限多个具有各种频率的简单变化，得出功率谱密度函数。在风力发电机组结构抗疲劳设计中，广泛使用计数法。

2.1.3 由环境条件确定整机安全等级

为了保证风力发电机组的安全、可靠及经济性，地质、气候、电网等外部条件是风力发电机组设计必须考虑的因素。设计之前，为满足风电场用户需求须制定《风力发电机组设计任务书》，根据任务书中提到的外部条件，如风况、海况等情况，确定风力发电机组的安全等级，由此模拟风力发电机组的载荷，对其进行安全性设计和校核，在确保安全条件下，最大限度利用风能。

2.1.3.1　风力发电机组安全等级

IEC 标准规定风力发电机组的安全等级分为 $Ⅰ_A$、$Ⅰ_B$、$Ⅰ_C$、$Ⅱ_A$、$Ⅱ_B$、$Ⅱ_C$、$Ⅲ_A$、$Ⅲ_B$ 和 $Ⅲ_C$ 等标准等级，每一个安全等级的风力发电机组设计寿命至少应为 20 年。表 2－1 为风力发电机组的安全等级以及不同安全等级对应的设计风速和湍流等级情况。

表 2－1　安全等级参数

安全等级		Ⅰ	Ⅱ	Ⅲ	S
$v_{ref}/(m \cdot s^{-1})$		50	42.5	37.5	设计值由设计者选定
A	I_{ref}（－）	0.16			
B	I_{ref}（－）	0.14			
C	I_{ref}（－）	0.12			

注：1. 表 2－1 引自《风力发电机组　第 1 部分：设计要求》（IEC 61400－1—2005）。
2. v_{ref}为 10min 平均参考风速，m/s。
3. A 为高湍流特性等级。
4. B 为中湍流特性等级。
5. C 为低湍流特性等级。
6. I_{ref}为风速 15m/s 时湍流强度的期望值。

除上述参数外，还需要确定其他外部条件参数，具体情况将在后文予以详细说明。

2.1.3.2　S 级安全等级

若《风力发电机组设计任务书》规定了一些较为特殊的外部条件，如特定风况、其他外部条件及特定安全等级，可将设计的风力发电机组安全等级归为 S 级，设计值由设计者自主选定，并在设计文档中详细说明（S 级风力发电机组的设计参数见 IEC 61400－1 附录 A）。

S 级风力发电机组的设计值所反映环境条件的恶劣程度至少要与预期使用环境相当。此外，Ⅰ、Ⅱ、Ⅲ级安全等级对应的特定外部条件不包括海上环境及飓风、龙卷风、台风、热带风暴等特殊风况，此类条件也应按照 S 级处理。

2.2　风力发电机组的设计过程和方法

风力发电机组的设计应以《风力发电机组设计任务书》为依据。《风力发电机组设计任务书》规定了风力发电机组设计、计算和分析的设计目标和设计条件，包括了风力发电机组的结构型式、需求参数和外部条件。《风力发电机组设计任务书》由用户提出，也可以由整机制造企业的研发部门根据市场调研的客户群需求提出。研发部门依据《风力发电机组设计任务书》，依次进行风力发电机组的功能规划、参数设计、布局设计和部件选型。

2.2.1　风力发电机组功能规划

功能规划是要确定风力发电机组的运动功能和控制执行功能。风力发电机组机械结构

必须为启动、关机、并网、脱网、功率调节、对风调节、安全保护等功能提供动力、传动、执行的基本结构。功能与结构之间为 $m:n$ 映射关系，因此要针对不同的功能，规划部件的结构。

2.2.1.1 气动功能规划

风轮是实现气动功能的主要部件，包括捕获风能、功率调节、气动制动等功能；风轮捕获功能是基础功能，由叶片的气动翼型和风轮结构实现，而后两种功能则可有两种不同方案。

1. 定桨距风轮及失速控制

定桨距风轮的叶片通过螺栓以固定角度安装于轮毂，依靠叶片的失速性能在风速过高时限制功率输出。当风速超过选定的临界值时，在叶片的下风侧产生流动分离。风力机的失速控制要求叶片的正确整形，以及正确设定相对于风轮平面的叶片角度。定桨距风轮及失速控制方法在低风速时效率低，并且由于空气密度及电网频率变化，造成不能启动和最大稳定功率状态点的变化。

2. 变桨距风轮及主动变桨控制

变桨距风轮的叶片可以转动，从而调整叶片几何弦线与平行风向的角度。变桨距风轮及主动变桨距控制技术可随时控制功率输出。风速变化时，可控制叶片桨距角来调节捕获的风功率。变桨距风轮及主动变桨距控制方法的优点是可有效调节功率，在高风速的情况下，电功率的平均值保持在发电机的额定值附近；缺点是变桨距机构较为复杂，并且在高风速条件下容易出现功率波动。

2.2.1.2 发电功能规划

1. 功率调节功能

发电机是风力发电机组的主要部件，可实现对电网输出电能，也可通过变速和变矩控制实现风力发电机组的功率调节，具体如下：

(1) 额定风速以上时稳定输出功率。

(2) 额定风速以下时优化输出功率。

(3) 与风轮相互配合完成功率调节。

2. 发电机类型规划

增速型风力发电机组可采用双馈异步发电机和永磁同步发电机两种类型发电机，还可采用电励磁同步发电机等其他种类的发电机。不同种类发电机用于不同场合，与不同的增速传动系统结构和传动比相对应。机组结构设计之初，先规划所采用的发电机种类及型号，并根据选定的发电机和叶片，进行其他部件的选型和适配。

按照发电机输出电压的不同，可分为高压和低压发电机。高压发电机的输出端电压通常为 10～20kV，甚至 40kV，可省掉升压变压器直接并网，通常与直驱永磁同步发电机形成整体解决方案，发展前景较好。低压发电机的出端电压通常为 1kV 以下，目前风电场大多采用此类机型。

2.2.1.3 对风功能规划

风向的随机性要求风轮及机舱需不断追踪风向、不断对准风的来向。对风功能需要多种不同部件共同完成，对风功能可由主动偏航和被动偏航两种典型方案来实现。

1. 主动偏航

该项功能采用风速风向仪主动采集风向信号，反馈给偏航控制系统。偏航控制系统驱动偏航装置执行主动对风操作。主动偏航功能由风速风向仪、偏航控制系统和偏航执行装置组成，一般用于上风向的大中型风力发电机组。

2. 被动偏航

该功能利用尾翼空气动力特性实现风轮和机舱的对风功能。风向改变时，风轮所受到的轴向力和径向力变化，使得风轮朝向自动跟随风向变化。被动偏航的风力发电机组结构简单，由风轮、机舱和尾翼共同实现被动偏航。被动偏航功能一般为下风向的小型风力发电机组所采用，可有效降低风力发电机组生产成本。

2.2.2　总体参数设计

总体参数是描述风力发电机组结构和功能的基本参数，通常分为性能参数、几何参数、导出参数等类型，应依据《风力发电机组设计任务书》及标准来选择和计算。

2.2.2.1　性能参数

1. 额定功率

额定功率是正常工作条件下风力发电机组必须达到的最大连续输出电功率。通常要建立以最优风能利用效率为目标、以预期风电成本为约束条件的优化设计模型，经多次迭代最终确定额定功率，同时估算容量系数和年发电量。总体来看，额定功率取决于风电场的场地条件、运输条件、吊装条件和计划投资成本等。

2. 设计风速

设计风速是风力发电机组与风速相关的性能参数，包括额定风速、切入风速、切出风速，如图 2-2 所示。

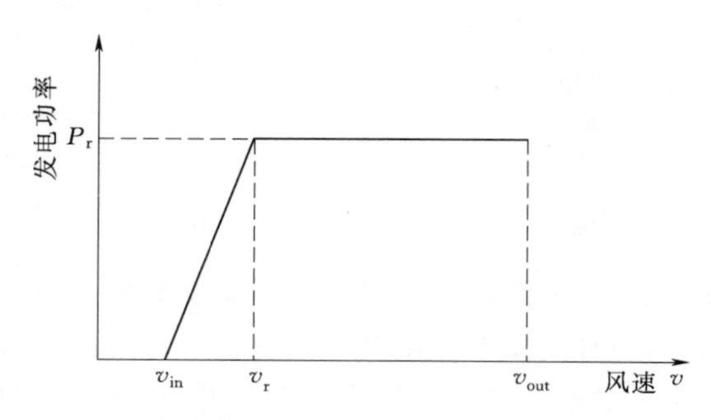

图 2-2　风力发电机组的设计风速

(1) 额定风速 v_r。风力发电机组达到额定功率输出时规定的风速。额定风速关系到风力发电机组的总体构成和成本，取决于风电场的风资源情况。合理的额定风速是使风力发电机组产生尽可能多的有效功率，应根据最低单位发电成本确定。额定风速越低，风力发电机组损失的额定风速以外的功率越多；额定风速过高，损失的低风速区风能越多；大功率风力发电机组额定风速的经验值是 10～15m/s。推荐值为：平均风速小于 6m/s 的风电场，机组的额定风速为 11m/s；平均风速较高的风电场，风力发电机组的额定风速为 13m/s 或 14m/s。

(2) 切入风速 v_{in}。风力发电机组开始发电时，轮毂高度处的最低风速。切入风速越低则发电量和可利用率越高，但会导致制造成本提高；大功率风力发电机组切入风速的经验值一般为 3～4m/s。

(3) 切出风速 v_{out}。风力发电机组达到设计功率时，轮毂中心处的最高风速。切出风

速越高，风能利用率越高，结构强度要求越高，切出风速的经验值为 $v_{out}<2.5v_r$；大功率风力发电机组切出入风速的经验值一般为 25m/s（海上运行时为 30m/s）。

此外，从成本角度考虑，额定风速偏高则风力发电机组难于达到额定功率，发电机等部件长期工作于额定值以下，单位发电成本偏高；若额定风速偏低，则风轮支撑部件负荷越大，单位发电量的部件成本偏高。近年来变桨距及其控制技术的应用，使风轮的功率和载荷得到有效控制，即便选用较低的额定风速，风力发电机组成本也不会增加太多。

3. 风轮转速

当额定功率和风轮直径确定后，增加风轮转速可减小风轮转矩，而风轮转矩决定风力发电机组的成本，尤其是传动链成本。风轮转速的选取需要考虑以下影响因素：

(1) 风轮半径与额定功率选定后，风轮转矩与风轮转速成反比，即风力发电机组宜采用较高的风轮转速，但提高转速会对风轮设计带来不利影响，通常叶片重量正比于风轮转速，随着风轮转速的增加，叶片载荷增大。

(2) 叶片平面外的疲劳弯矩是机舱和塔架的设计依据，而平面外的疲劳弯矩正比于风速波动、转速和弦长的乘积。而弦长和转速的平方成反比，所以转速和弦长的乘积与转速成反比，即叶片平面外的疲劳弯矩与转速成反比，转速增加会导致叶片平面外的疲劳弯矩减小，机舱和塔架成本减少。

(3) 风轮气动噪声与叶尖速度的 5 次方成正比，因此必须限制风轮转速，以降低风力发电机组对环境的噪声污染。通常叶尖速度应限制在 75m/s 之内，陆基风力发电机组的叶尖速度限制在 65m/s 左右；近海风力发电机组叶尖速度可大些，如 74m/s。

综合上述分析，风轮的额定转速增加能够减少传动链成本，但会增加风轮、机架与塔架的制造成本，并对周围环境形成更大的噪声污染。因此应综合以上因素，并结合 IEC 等标准选取较为折中的风轮额定转速。

4. 发电机转速

发电机额定转速是风力发电机组在额定功率运行时的发电机转速。不同类型风力发电机组，发电机种类及额定转速也不相同。

(1) 双馈发电机转速。双馈发电机是一种异步发电机，转子转速由风轮转速和主传动系统的增速比决定。正常运行状态下，转子转速 n 与定子绕组产生的旋转磁场的同步转速 n_1 相当，转子转速范围约为同步转速的（1±30%）。当 $n>n_1$ 时，双馈发电机处于发电状态，此时双馈发电机的转子转速为同步转速的 1～1.05 倍。

(2) 永磁发电机转速。永磁发电机是一种可在低速下运行的多极发电机，主要应用于混合式发电机组或直驱式风力发电机组，转子变速范围为风轮额定转速的±50%（约为 10～20r/min）。

2.2.2.2 几何参数

1. 风轮直径与扫掠面积

风轮直径是风力发电机组发电容量的重要决定因素，应当与风电场的风况条件以及机组的额定功率相匹配，以获得较低的发电成本和较高的发电效率。风电场的年平均风速低，则应选取较大风轮直径的风力发电机组；风电场的年平均风速高，则应选取较小风轮直径的风力发电机组。根据风轮的致动盘原理，风轮捕获的风功率计算公式为

$$P_r = \frac{1}{2} C_p \rho A v^3 \tag{2-3}$$

$$A = \frac{\pi}{4} D^2 \tag{2-4}$$

式中　P_r——风轮捕获的风功率，W；

ρ——空气密度，取 1.225kg/m³；

C_p——风能利用系数；

A——风轮扫掠面积，m²；

D——风轮直径，m；

v——风速，m/s。

同时，也应考虑主传动系统、发电系统等环节的能量损耗，从而得到风力发电机组的额定功率与风轮直径、额定风速的关系式为

$$P_{er} = P \eta_m \eta_e = \frac{1}{2} C_p \rho \frac{\pi D^2}{4} v_r^3 \eta_m \eta_e \tag{2-5}$$

式中　P_{er}——发电机额定功率，W；

v_r——额定风速，m/s；

η_m——主传动系统的总效率，在全负荷情况下典型值为 0.95～0.97；

η_e——发电系统的总效率，在全负荷情况下感应发电机配置为 0.97～0.98，变流器效率为 0.95～0.97。

将风能利用系数 C_p、主传动系统总效率 η_m、发电系统总效率 η_e 复合为效率 η，则 $\eta = C_p \eta_m \eta_e$，那么风轮直径估算公式为

$$D = \sqrt{\frac{8P_{er}}{C_p \rho v_r^3 \pi \eta_m \eta_e}} = \sqrt{\frac{8P_{er}}{\rho v_r^3 \pi \eta}} \tag{2-6}$$

根据式（2-6）获得的风轮直径是估算值，要根据风轮上其他部件的型号和尺寸进一步修正。还可利用相似原理估算风轮直径。不同风轮直径对应不同的风轮扫掠面积。风轮扫掠面积是指风轮旋转时叶尖运动理想轨迹在垂直于风矢量平面上的投影面积。额定功率与风轮扫掠面积的比值称为比功率。风轮的平均比功率通常接近常值（约 405W/m²）。

2. 轮毂中心高

轮毂中心高是从地面到轮毂中心位置的竖直高度，用 z_{hub} 表示。假定塔架高度为 z_j，塔顶平面到轮毂中心的竖直高度为 z_t，则轮毂中心高 $z_{hub} = z_t + z_j$。塔顶平面与轮毂中心的竖直高度可调裕量小，因此塔架高度决定了轮毂中心高，如图 2-3 所示。

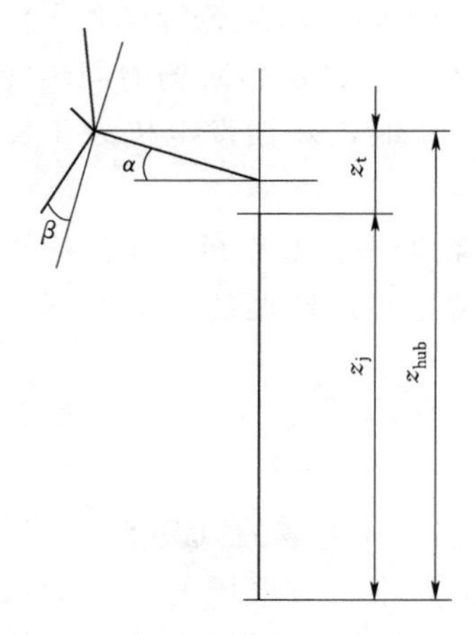

图 2-3　风力发电机组轮毂中心高 z_{hub} 和锥角 β、仰角 α 的关系

风速随着距地高度增高而变大，塔架高度越高则风力发电机组的风能利用效果越好，但塔架高度增加势必造成制造成本、运输成本、吊装成本和维护成本增加。因此，轮毂中心高应根据具体的风电场风资源情况、制造与施工成本来综合考量，甚至可为同一种基本型风力发电机组配备适应不同风电场条件的不同高度的塔架。

统计表明，塔架高度与风轮直径存在关联，风轮直

径越小则塔架越高。当风轮直径超过 25m 后，轮毂中心高与风轮直径基本维持 1∶1 的比例。因此，可通过估算的风轮直径，初步估计轮毂中心高，并以此为初始值开展进一步的计算和优化。

2.2.2.3 其他参数

质量、质心和转动惯量等其他参数在一定程度上会影响风力发电机组的操控性、可靠性和总成本。通常要求在不降低风力发电机组性能的前提下，尽量降低风力发电机组的总质量，并使质心分布均匀、减小质心到回转中心的距离，以减小风力发电机组的转动惯量。

2.2.3 结构方案设计

风力发电机组结构总体设计是指确定风力发电机组的总体结构型式，划分机型中的功能部件、子系统和辅助设备，设计整机布局、部件布局、子系统及辅助设备布局。

2.2.3.1 型式设计

根据《风力发电机组设计任务书》和风力发电机组工作环境和外部条件，选择基本型式，型式选择方法如表 2-2 所示。

表 2-2 增速型风力发电机组型式选择

序号	基本型式	型式分类
1	叶片数量	2 叶片风力发电机组
		3 叶片风力发电机组
		其他叶片数量的风力发电机组
2	功率调节	定桨距风力发电机组
		变桨距风力发电机组
3	发电机转速	恒速风力发电机组
		变速风力发电机组
4	传动结构	双馈式风力发电机组
		混合式风力发电机组

2.2.3.2 布局设计

1. 结构布局原则

布局结构关系到风力发电机组的质量、性能和成本，布局设计应遵循以下原则：

（1）性能原则。支撑件要必须具备足够的刚度，保证风力发电机组的强度、刚度、抗震性、抗挠性和稳定性。

（2）合理原则。布局紧凑、协调、合理，各部件、子系统及辅助设备之间无干涉及发生干涉的可能性。

（3）工艺原则。为运输、装配和维修提供足够的空间和接口结构，保证装配工艺性和可维修性。

（4）均布原则。各部件质心尽量采用对称、均布结构，减小偏心引起的转动惯量和有害载荷。

(5) 简单原则。缩短传动链长度、减少传动链部件，保证传动系统的精度、可靠性和机械效率。

2. 典型布局方案

风力发电机组布局设计问题通常是指传动系统布局及支撑方案的设计问题。典型布局方案包括单发电机增速线性传动布局方案、单发电机增速回流传动布局方案、多发电机增速分流传动布局方案等。

(1) 单发电机增速线性传动布局方案。单发电机增速线性传动布局方案是一种只有一台发电机的风力发电机组布局方案，发电机转子与风轮之间利用齿轮箱来获得发电机运行所需的转子转速范围。此布局方案中低速轴和高速轴分别位于齿轮箱两侧，齿轮箱的输入轴和输出轴在径向方向上可以留有一定的偏置量，便于电力、通信信号和液压动力经由齿轮箱传递到风轮，从而实现风轮内部设备的驱动和控制。单发电机增速线性传动布局方案被广泛用于主流风力发电机组。单发电机增速线性传动布局方案如图 2-4 所示。

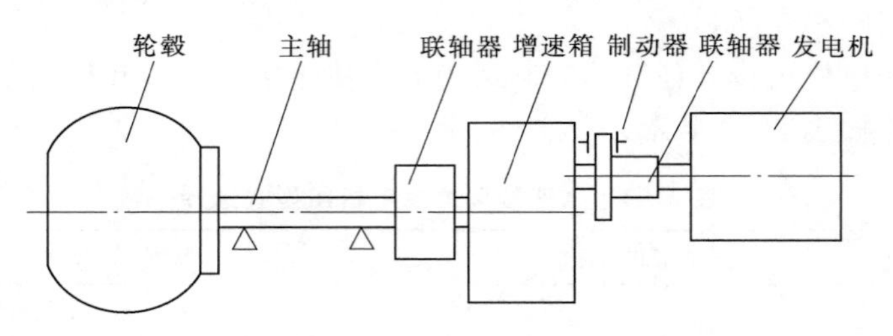

图 2-4　单发电机增速线性传动布局方案

(2) 单发电机增速回流传动布局方案。单发电机增速回流传动布局方案是一种仅有一台发电机的风力发电机组布局方案，发电机转子与风轮之间利用齿轮箱来获得发电机发电运行所需的转子转速范围。此布局方案中，风轮主轴与发电机位于齿轮箱的同一侧。该布局方案使得机舱在风轮轴方向上更短，质量分布更加集中，机舱绕塔架轴线的回转惯量较小，偏航控制响应时间较短。但是，该布局造成机舱截面积较大，形成的风阻较大，使得风力发电机组的气动性能下降。此外，该方案中的齿轮箱需要定制，成本较高。单发电机增速回流传动布局方案如图 2-5 所示。

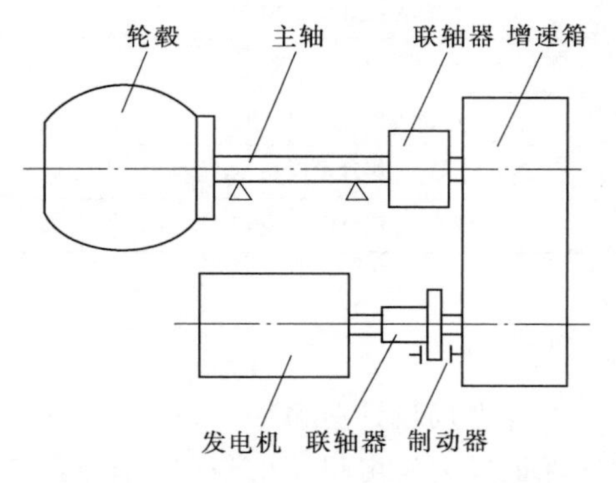

图 2-5　单发电机增速回流传动布局方案

(3) 多发电机增速分流传动布局方案。多发电机增速分流传动布局方案用于多个发电机的风力发电机组布局方案，正是因为采用了多个发电机，则风轮捕获的风能必须由齿轮箱分流到各个发电机。同时不同种类发电机需要的转子转速范围存在差异，从风轮到各个发电机的功率传动路径必须有所差别。

常见的多发电机增速分流传动布局方案包括双馈异步发电机+双馈异步发电机、永磁同步发电机+永磁同步发电机、双馈异步发电机+永磁同步发电机等。前两种发电机组合方案可以单输入、多输出的齿轮箱作为增速传动装置，实现增速传动和功率分流功能。多发电机增速分流传动布局方案可以缩小发电机的体积，使其机舱质心分布更加合理。多发电机增速分流传动布局方案如图2-6所示。

齿轮箱的性能参数和布局结构由齿轮箱生产企业根据风力发电机组整机制造商提出的整机具体布局方案定制，也可由风力发电机组整机制造商从齿轮箱选型手册中选取。

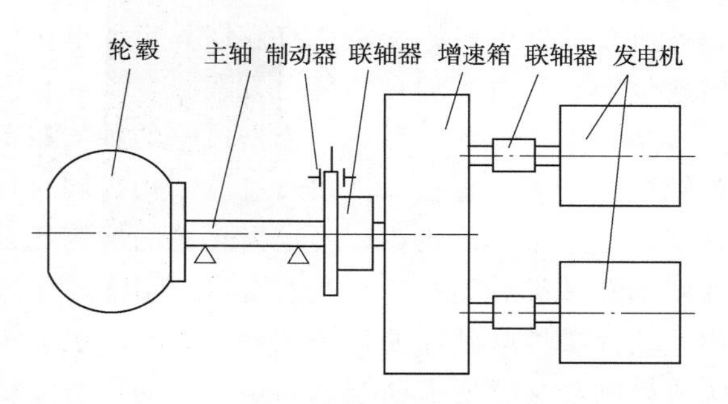

图2-6 多发电机增速分流传动布局方案

2.2.4 部件选型

风力发电机组技术设计前，要依据整机结构布局方案和控制功能要求，选择叶片、发电机、齿轮箱、变桨距驱动、偏航驱动、液压驱动等部件的型式和型号，为主机架、轮毂、塔架等其他机械件的结构设计提供结构参数和接口尺寸。

2.2.4.1 部件选型流程

风力发电机组选型工作安排在总体设计之初，各部件选型通常遵循的流程如图2-7所示。

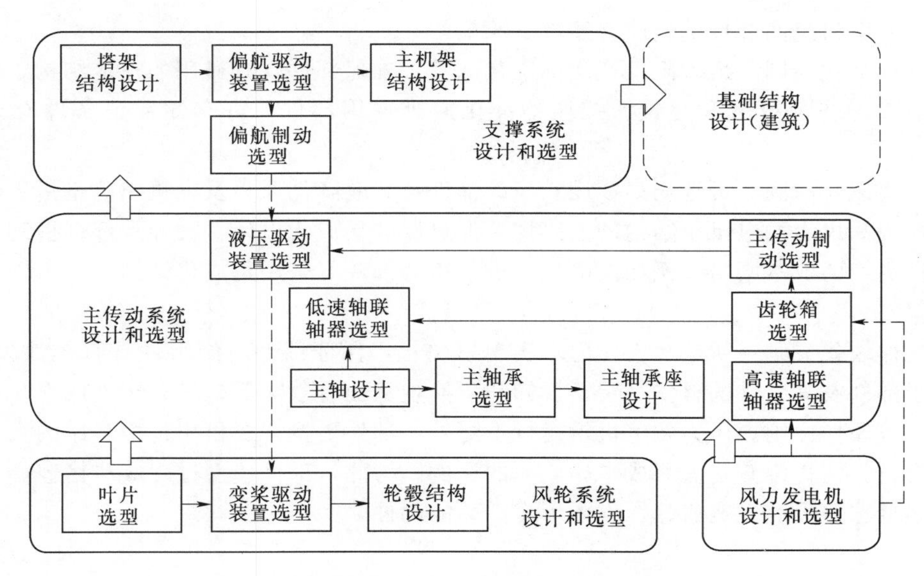

图2-7 风力发电机组选型流程

(1) 风轮设计和选型。首先根据《风力发电机组设计任务书》要求的单机额定功率，选择指定功率、翼型及叶根结构的叶片。根据叶片生产商提供的叶根外形图，选择与之相匹配的变桨距轴承，变桨距轴承的齿圈应与叶根连接。根据叶片的轴向气动载荷和最大变桨距速率，选择变桨距驱动装置的电机、减速机并设计驱动小齿轮。最后根据变桨距轴承及变桨距减速机的安装结构和外形尺寸来设计轮毂。

(2) 发电机选型。根据单机额定功率、风力发电机组传动型式和布局方案来选择整机设计所需的发电机。发电机有双馈异步发电机、永磁同步发电机等多种类型，分别应用于增速传动布局方案和直驱传动方案。

（3）主传动系统设计。依据风轮的轴向载荷设计主轴的结构和参数，确定轴段布局及各轴段的长度、直径、锥角及过渡结构，同时计算和选择主轴承的型号。根据主轴结构及其支撑方案选择齿轮箱，确定齿轮箱的增速比及轮系布局，选择主轴与齿轮箱输入轴的刚性联轴器种类和型号。根据齿轮箱输出轴的转速、转矩、连接尺寸及发电机转子连接结构，选择柔性联轴器的种类和型号。最后根据齿轮箱输出轴的转速和转矩，计算主传动系统机械制动装置所需的制动力矩、制动钳总面积、制动盘直径等参数，据此选择合适的机械制动装置。

（4）支撑系统设计。首先根据初步选定和设计的机舱、风轮结构，估算机舱以上部分的总重量和质量分布，结合仿真计算获得的风轮载荷和机舱载荷，初步设计塔架各分段的高度、锥度、壁厚及端面直径。根据塔架顶端直径的估算值选择偏航轴承的种类（外齿圈型、内齿圈型）和型号，要求偏航轴承的齿圈与塔顶法兰连接。根据风轮载荷及绕塔架轴线的转动惯量，计算最大偏航驱动力矩及制动力矩，选配合适数量、功率的偏航驱动装置，包括选择偏航装置的电机、减速机和设计偏航驱动小齿轮。最后根据偏航制动、主传动制动所需的制动力，计算和选择液压器件。

2.2.4.2　部件选型原则

风力发电机组的部件选型应遵循以下原则：

（1）标准化原则。最大限度选用标准化部件，确保部件具有通用的连接结构，便于部件发生故障后快速拆卸和更换。按照标准化原则选用部件，可有效保证备件有充足的来源。

（2）集成化原则。可选用集成度较高的部件，有效降低风力发电机组总重量、转动惯量，同时提高风力发电机组结构的紧凑性。但过度的集成化设计，会导致部件拆卸更加复杂和部件更换的成本剧增。例如发电机、齿轮箱等部件可采用集成化结构，将主轴、散热器与之集成。

（3）模块化原则。所选部件应力求实现模块化，保证部件内的组件具有较强关联性，以方便于部件及其组件的整体吊装、拆卸和更换，从而有效降低施工和运维成本。

（4）可靠性原则。风力发电机组运行于野外，部件更换需要租用价格高昂的大型运输和吊装设备，使得维修费占总成本相当大的比例。为此，部件选型过程应严格遵循可靠性原则，尽量选用设计方案成熟、整体可靠性高的部件。

2.3　风力发电机组可靠性设计与校核方法

可靠性是指产品在规定的时间内和给定的条件下，完成规定功能的能力。可靠性不但反映了产品各组成部件的质量，还影响产品质量性能。可靠性分为固有可靠性、使用可靠性和环境适应性。机械可靠性一般分为结构可靠性和机构可靠性。结构可靠性主要考虑机械结构的强度以及由于载荷的影响使之疲劳、磨损、断裂等引起的失效；机构可靠性则主要考虑的不是强度问题引起的失效，而是考虑机构在动作过程中由于运动学问题而引起的故

障。机械可靠性用可靠度、无故障率、失效率三种指标来度量。

2.3.1 可靠性设计

可靠性设计是保证机械及其零部件满足给定的可靠性指标的一种机械设计方法，基本任务是在可靠性物理学研究的基础上结合可靠性试验及可靠性数据统计及分析，提出可供实际设计计算的物理数学模型和方法，以便在产品设计阶段就能规定其可靠性指标。估计、预测机器及其主要零部件在规定条件下的工作能力状态或寿命，保证所设计的产品具有所需要的可靠度。

机械可靠性设计分为定性可靠性设计和定量可靠性设计。定性可靠性设计是在进行故障模式影响及危害性分析的基础上，有针对性地应用成功的设计经验使所设计的产品达到可靠的目的。定量可靠性设计是充分掌握所设计零件的强度分布和应力分布以及各种设计参数的随机性基础上，通过建立隐式极限状态函数或显式极限状态函数的关系，设计出满足规定可靠性要求的产品。

由于机械产品结构、功能和运行环境存在差异，常采用以下不同的可靠性设计方法：

(1) 故障预防设计。机械产品一般属于串联系统。要提高整机可靠性，首先应从零部件的严格选择和控制做起。优先选用标准件和通用件；选用经过使用分析验证的可靠的零部件；严格按标准的选择及对外构件控制；充分运用故障分析的成果，采用成熟的经验或经分析试验验证后的方案。

(2) 简化设计。机械设计应力求简单、零部件的数量应尽可能减少，是可靠性设计的基本原则，是减少故障提高可靠性的最有效方法。但不能因为减少零件而使其他零件执行超常功能或在高应力的条件下工作。否则，简化设计将达不到提高可靠性的目的。

(3) 裕度设计。裕度设计是使零部件使用应力低于其额定应力或提高零部件结构强度的一种设计方法。实践证明，大多数机械零件在低于额定承载应力条件下工作时，其故障率较低，可靠性较高。当机械零部件载荷应力以及承受这些应力的具体零部件的强度在某一范围内呈不确定分布时，可以采用提高平均强度、降低平均应力，减少应力变化和减少强度变化等方法来提高可靠性。对于重要零部件，则采用极限设计方法，保证其在最恶劣的极限状态下也不会发生故障。

(4) 冗余设计。冗余是对完成规定功能设置重复的结构、备件等，以备局部发生失效时，整机或系统仍不至于发生丧失规定功能的设计。当某部分可靠性要求很高，但目前的技术水平很难满足可靠性要求，或者提高零部件可靠性的费用比重复配置还高时，冗余技术则是较好的解决方法，如采用多套备用机械装置。但冗余设计往往会造成整机的体积、重量、费用增加。

(5) 环境适应性设计。环境适应性设计是充分考虑产品寿命周期内可能遇到的各种环境影响，根据环境条件慎重选择设计方案，采取必要的保护措施，减少或消除有害环境的影响。设计过程中不仅考虑单一环境因素的影响，还要考虑多种环境产生的耦合影响；尤其在无法对所有环境条件进行人为控制时，在设计方案、材料选择、表面处理、涂层防护等方面采取措施，以提高机械零部件的环境适应能力。

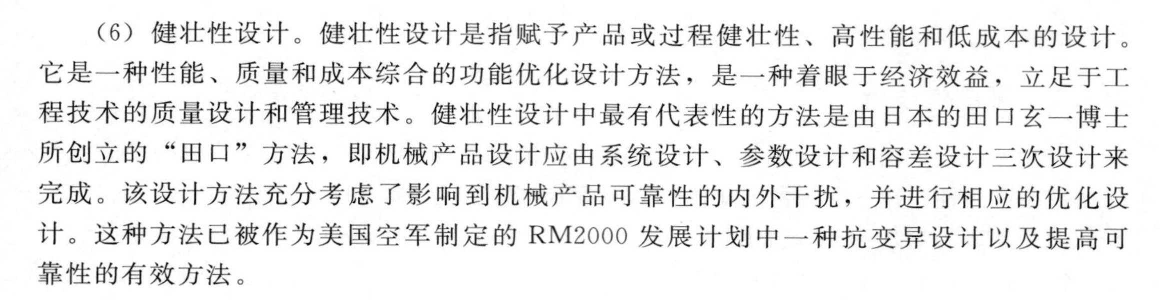

（6）健壮性设计。健壮性设计是指赋予产品或过程健壮性、高性能和低成本的设计。它是一种性能、质量和成本综合的功能优化设计方法，是一种着眼于经济效益，立足于工程技术的质量设计和管理技术。健壮性设计中最有代表性的方法是由日本的田口玄一博士所创立的“田口”方法，即机械产品设计应由系统设计、参数设计和容差设计三次设计来完成。该设计方法充分考虑了影响到机械产品可靠性的内外干扰，并进行相应的优化设计。这种方法已被作为美国空军制定的 RM2000 发展计划中一种抗变异设计以及提高可靠性的有效方法。

2.3.2　风力发电机组可靠性设计方法

2.3.2.1　面向可靠性的系统配置

1. 保护系统

保护系统可以分为机械、电气和气动保护系统。当控制系统失效或其他失效事件发生时，保护系统被激活，此时风力发电机组已经不在正常的运行范围内了，保护系统将把风力发电机组带回到安全条件并维持在这样的条件内。一般要求保护系统有能力把转子从任何一个运行状态带回到停机或空转状态。

为了确保在有人身安全危险时能够立即将机器停下来，在所有工作位置都必须有紧急制动按钮，它高于功能控制系统和其他保护系统。

保护系统的可靠性可以通过具体的方法来保证，其中：①整个保护系统是失效安全设计；②不能设计成失效安全模式的部件必须是冗余设计；③经常检查保护系统的功能，用风险评估决定检查的间隔。

失效安全是设计原则，它通过对结构的冗余或充裕设计，确保在结构失效或电源失效的情况下风力发电机组能够保持在无风险的状态。

2. 制动系统

制动系统是保护系统的执行部分，制动系统包括机械制动、气动制动和发电机制动。

气动制动系统通常包括叶尖的转动部分或者通常看到的主动失速和变桨距控制风力发电机组，把整个叶片绕轴线转动 90°，从而导致气动力矩和转子力矩相互抵消。此外，副翼和降落伞也被用作气动制动，现已很少应用。

制动系统的可靠性对于确保系统安全极其重要。对不同制动之间、不同制动零件之间的关联性应该十分清楚。如果三个叶片都装有叶尖制动，可以预见三个叶尖制动之间有一定的关联，这些制动都具有共同的失效原因，这会影响三个叶尖制动系统抗失效的整体可靠性。

制动器及其零件必须抗磨损，要求进行适时监测和维护。

3. 在线监测和故障诊断

在线监测是近 20 年来在大型风力发电机组上发展起来的一门新兴交叉性技术。由于近代机械工业向机电一体化方向发展，机械设备呈现高度的自动化、智能化、大型化和复杂化。许多情况下都要确保设备工作安全可靠，工作状态监测显得十分重要。随着大型风力发电机组容量的迅猛增加，整机结构日趋复杂，部件之间的联系、耦合更加紧密。一个部件出现故障，将可能引起整个发电过程中断。在线监测技术在风力发电行业应用推广迅

速、日趋成熟，已发展出专门的设备和服务公司。

风力发电机组的故障主要集中在齿轮箱、发电机、低速轴、高速轴、叶片、电气系统、偏航系统、控制系统等关键部件。这些关键部件若发生故障将造成风力发电机组停机。由于风电场建于偏远地区或近海区域，风力发电机组运行于高空，维护困难。若需吊至地面做故障诊断、维修或更换，则需花费更大的人力和物力。迫于不断降低风力发电机组运行和维护成本的需求，基于在线状态监测系统的维修方案的应用越来越广泛。常规的风力发电机组状态监测系统可在风力发电机组运行过程中实时监控各关键部件的运行状态，根据监测数据和状态类型，及时诊断部件存在的问题和隐患，检测非正常工作的零件或分析出现早期故障症状的零件，进而预测将来何时会出现何种故障；根据诊断结果及时采取处理措施，防止造成严重损失，提高风力发电机组运行可靠性、使用效率和使用寿命。

2.3.2.2 零部件可靠性

1. 极限状态

寿命期内，结构要承受载荷和执行操作。这些载荷可能导致结构从完好状态退化到损伤、失效状态。结构失效可能出现几种模式，它涵盖了所有导致结构损坏的失效可能性。虽然，从完好状态到失效状态的转变是连续的，但通常假定所有失效的特定模式划分成两类：①已经失效的状态；②没有失效或安全的状态。安全状态和失效状态的边界可以归结为一系列的极限状态。

极限状态中，强度极限状态和可靠性极限状态较为常见。强度极限状态对应于结构或结构零件承载能力的限制，例如塑性区屈服、脆断、疲劳断裂、不稳定、屈曲、倾覆。可靠性极限状态是指变形超过了极限，而承载能力没有超过极限状态。例如裂纹、磨损、腐蚀永久变形及振动。疲劳有时被处理成一个独立的极限状态。还有其他形式的极限状态，例如事故极限状态以及积累极限状态。

2. 可靠性指标

在结构设计中，结构零件的可靠性根据一种或多种失效模式进行评估。其中一种失效模式假设如下：结构零件由一系列随机变量组成的矢量 X 来描述，包括强度、刚度、几何形状以及载荷。从拥有自然变化和其他可能的不确定性角度考虑，这些变量都是随机变量，可以根据一些概率分布处理成大小不等的定量值。为了考虑失效模式，可能的 X 真实值可以分解成两组：①对应结构零件是安全的；②对应零件将失效。安全系列和失效系列之间的界面在基本变量空间中用极限状态界面表示，可靠性问题可以很方便地用所谓的极限状态函数 $g(X)$ 来描述，它的定义为

$$g(X)=\begin{cases}>0 & X\to\text{安全系列}\\ =0 & X\to\text{极限状态界面}\\ <0 & X\to\text{失效系列}\end{cases} \tag{2-7}$$

对于所考虑的极限状态，极限状态函数通常基于一些数学工程模型，根据背后的物理原理，以控制载荷和抵抗变量来表示。

失效概率是失效系列的概率，即

$$P_F = P[g(X) \leqslant 0] = \int_{g(X)\leqslant 0} f_X(X)\mathrm{d}X \tag{2-8}$$

式中 $f_X(X)$ ——X 的组合概率密度函数，表示控制变量 X 的不确定度和自然变化。

其余数 $P_S=1-P_F$ 定义成可靠度，有时可以表示成生存概率。可靠性用指标表示为

$$\beta=-\Phi^{-1}(P_F) \tag{2-9}$$

式中 Φ——标准正态分布函数。

失效概率、可靠度、可靠性指标是一套结构安全性的度量指标。

3. 安全系数及确定方法

结构设计是为了确定控制载荷、强度的结构参数的设计值，为了保证结构可靠，需要在设计特征值基础上加上局部安全系数。局部安全系数考虑了载荷和材料的不确定性和易变性、分析方法不确定性、零件的重要性等方面。

若仅考虑载荷的不利影响，局部安全系数可计算为

$$F_d=\gamma_f F_k \tag{2-10}$$

式中 F_d——内部载荷或载荷响应的设计值；

γ_f——载荷局部安全系数；

F_k——载荷的特征值。

载荷局部安全系数还要考虑：载荷特征值出现不利偏差的可能性或不确定性；载荷模型的不确定性。

若仅考虑材料缺陷的不利影响，局部安全系数可计算为

$$F_d=\frac{1}{\gamma_m}f_k \tag{2-11}$$

式中 F_d——材料设计值；

γ_m——材料局部安全系数；

f_k——材料特征值。

材料局部安全系数还要考虑：材料特征值出现不利偏差的可能性或不确定性；零件截面抗力或结构承载能力评估不准确的可能性；几何参数的不确定性；结构材料性能与试验样品所测性能之间的差别；换算误差。

这些不同的不确定性有时可通过单独分项安全系数来考虑，但通常将载荷的相关因素并入系数 γ_f；材料的相关因素并入系数 γ_m。

对于考虑失效影响的局部安全系数 γ_n，可根据零件失效后对机组或部件产生的不同程度影响，将风力发电机组中的零件分为三类，其中：一类零件是指结构件的失效不会引起风力发电机组其他重要零件的失效，如可替换的轴承；二类零件是指结构件的失效会迅速引起其他重要零件的失效；三类零件是指将其他部件连接起来的机械件，只有其工作于非失效状态，才能保证其他重要部件不至于失效。

此外，国内外一些材料设计标准也对材料局部安全系数有所规定。但是，当设计标准中规定的局部安全系数与估算获得的局部安全系数同时使用时，应以确保最终安全等级不低于本书介绍的安全等级为原则。

4. 失效概率的更新

设计过程仅仅是保证结构安全可靠性的一个环节。在制造以及服务过程中，也要引入

诸如质量控制、轴对中控制、目测检查、仪器监视与载荷校验这样一些其他安全因素。每一项安全因素都提供了关于结构的信息，除了在设计阶段反映结构信息之外，还可以减少与结构有关的总体不确定度。设计中所用的概率模型可以对照实际情况，借助于这些附加信息进行更新、校验。

在制造和服务中获得的这些附加信息也可以直接作为控制变量的信息，如强度；也可以间接通过观察替换变量来得到，此时替换变量是控制变量的函数，如裂纹或变形。

把设计阶段的失效概率更新成反映检查获得附加信息的概率值是很有意义的。经过检验更新的失效概率建立在条件概率定义基础上。

令 F 表示结构失效事件。在设计过程中，根据上述的程序可以对失效概率 $P_F=P[F]$ 进行求解。令 I 表示这样的事件，结构在服役过程中，经过检查得到控制变量或者一个、几个控制变量函数的观测值。更新后的失效概率是以检验事件 I 发生为条件的失效概率，即

$$P[F|I]=\frac{P[F\cap I]}{P[I]} \tag{2-12}$$

式（2-12）中的分子概率可以通过并联系统的可靠性分析求解。一旦定义了合适的限制状态函数，恰当考虑了测量不确定度及探测概率以后，便可以通过上述结构部件可靠性分析求解分母概率。测量不确定度及探测概率是与本章内容有关的不确定度的重要来源。

对于一些极限状态，例如裂纹成长以及疲劳失效，失效概率 P_F 作为时间函数随之增加。对于这样的极限状态，以时间为函数的失效概率的预测可以用于预测失效概率超过关键临界点的时间，如最大可接受失效概率。预测的时间点是执行检查自然的选择。像上面概括的那样，根据检查发现及检查后可能进行的维修所带来的改进，失效概率可以被更新。失效概率再一次超过关键临界点从而触发新一轮检查的时间能提前预测，从而形成了检查间隔。上述方法可用于制订检查计划。

一些极限状态，如疲劳极限状态，按规定的时间间隔进行检查，实际上可能是设计寿命期内，维持要求的安全水平的先决条件。

2.3.3 风力发电机组可靠性校核内容

风力发电机组在受控和非受控状态下经历多种状态，并在外部条件作用下受到多种载荷影响。为了验证风力发电机组在不同载荷影响下是否安全可靠，需要计算机组在不同环境条件和运行工况下的受载荷情况，分析风力发电机组在不同载荷工况下的可靠性和安全性。IEC 标准规定了风力发电机组设计过程中必须考虑的载荷工况，以及在这些载荷工况下必须要完成的可靠性分析项目。除了标准所列的载荷工况和分析项目外，需要根据具体机型及其特殊情况，进行相应分析。标准规定的载荷工况如表 2-3 所示。

表 2-3 标准规定的载荷工况

序号	风力发电机组状态	外部条件	分析项目
1	发电	正常湍流模型	极限强度分析
2	发电	正常湍流模型	疲劳强度分析
3	发电	极端湍流模型	极限强度分析

续表

序号	风力发电机组状态	外部条件	分析项目
4	发电	极端风向改变模型	极限强度分析
5	发电	极端风切模型	极限强度分析
6	发电＋控制系统故障或断网	正常湍流模型	极限强度分析
7	发电＋保护系统或内部电气故障	正常湍流模型	极限强度分析
8	发电＋内外部电气故障或断电	极端运行阵风模型	极限强度分析
9	发电＋电气、控制、保护系统故障或断电	正常湍流模型	疲劳强度分析
10	启动	正常风廓线模型	疲劳强度分析
11	启动	极端运行阵风模型	极限强度分析
12	启动	极端风向改变模型	极限强度分析
13	正常关机	正常风廓线模型	疲劳强度分析
14	正常关机	极端运行阵风模型	极限强度分析
15	紧急关机	正常湍流模型	极限强度分析
16	停机	50 年一遇极端风速模型	极限强度分析
17	停机断网	50 年一遇极端风速模型	极限强度分析
18	停机＋偏航极限偏差	1 年一遇极端风速模型	极限强度分析
19	停机	正常湍流模型	疲劳强度分析
20	停机且故障	1 年一遇极端风速模型	极限强度分析
21	运输、吊装、维修等临时工况	正常湍流模型	极限强度分析
22	运输、吊装、维修等临时工况	1 年一遇极端风速模型	极限强度分析

注： 1. 风力发电机组设计的载荷工况多达上千种，以上为典型的载荷工况。
2. 每种典型的载荷工况均有其标准代号格式为 DLC×.×，例如上表中第 22 项的 IEC 标准代号为 DLC 8.2。

在设计寿命期内，正常载荷工况频繁出现，使风力发电机组处于正常状态或仅出现短时的异常或轻微故障。非正常载荷工况出现的概率小，一旦出现极有可能导致应对系统保护功能启动的严重故障。无论采用何种载荷工况，均应考虑对风力发电机组设计造成最不利条件的情况，即在正常、非正常及其他临时性工况下均应给出较为合理的载荷局部安全系数。

第3章　风轮结构规划与设计

风轮是由叶片、轮毂、变桨距机构等部件构成的用于捕获风能的动力装置，是风力发电机组的核心部件，费用占整机总造价的20%～30%。风轮设计方案直接关系到风力发电机组的总体技术性能和全局经济性。风轮结构设计内容包括总体设计、叶片设计与选型、变桨距结构设计、轮毂结构设计等内容。

3.1　风　轮　设　计

3.1.1　风轮结构

风轮利用叶片的气动结构与风轮扫略范围内的风发生相互作用，在风的升力作用下获得旋转机械能，捕获风能的效率取决于结构方案及相应的气动性能。

3.1.1.1　风轮构成

风力发电机组的气动特性取决于风轮的结构型式；而风轮的结构型式则取决于叶片的数量、弦长、扭角、厚度及分布、翼型及分布、变桨距结构、轮毂结构等因素。风轮通常由若干形状相同的叶片和一个轮毂组成，并配备用于改变叶片桨距角的变桨距驱动装置。变桨距驱动装置用于动态调节叶片的桨距角，从而控制叶片的升力与阻力，调节风轮捕获的风功率，实现风轮的气动制动。风轮结构如图3-1所示。

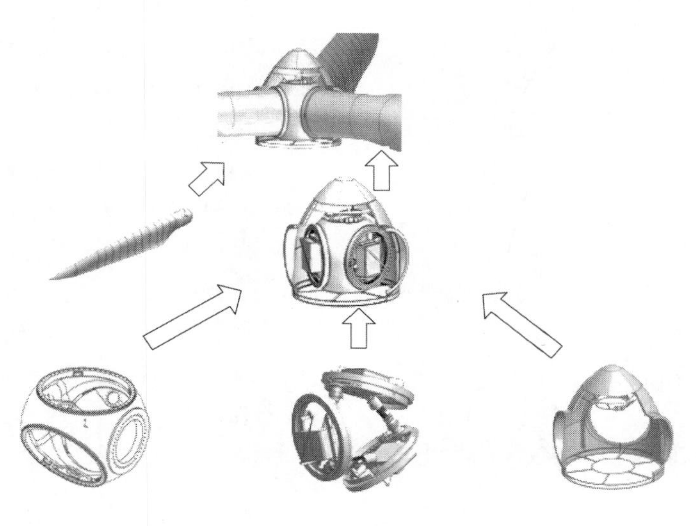

图3-1　风轮结构图

3.1.1.2　变桨距机构

变桨距机构是驱动叶片绕轴线旋转的机械传动装置，结构如图 3-2 所示。变桨距驱动装置分为液压变桨距驱动装置和电动变桨距驱动装置。电动变桨距驱动装置广泛用于 1MW 以上风力发电机组，具有选型容易、结构紧凑、故障率低、便于标准化与系列化等优点；而液压变桨距驱动装置在早期的中小型风力发电机组中较常见，目前也常见于一些超大功率的风力发电机组，具有便于设计实现、容易维修、安全可靠、驱动力大等优点。

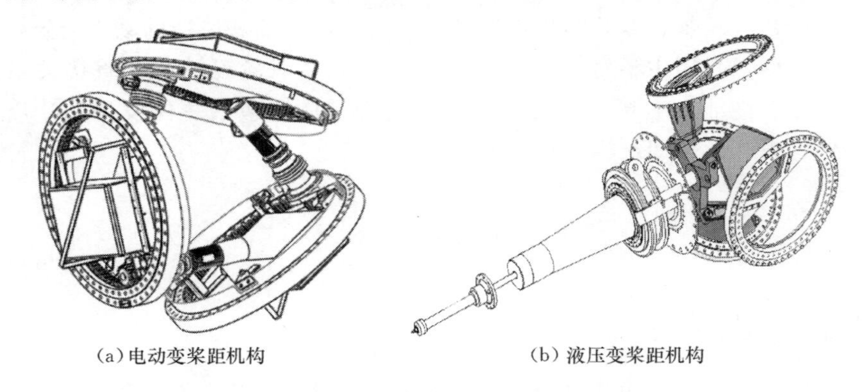

(a) 电动变桨距机构　　(b) 液压变桨距机构

图 3-2　电动变桨距机构与液压变桨距机构

3.1.2　风轮参数

3.1.2.1　叶片数量

国外做过有关叶片数和风能利用系数之间关系实验，得出图 3-3 所示的经典风能利用系数曲线。图中的横坐标为叶尖速比，纵坐标为风能利用系数，五条风能利用系数曲线分别属于从单叶片到 5 叶片的水平轴风轮。通常，3 叶片、4 叶片和 5 叶片的风轮均具有较高的最大风能利用系数。但从横坐标看，4 叶片和 5 叶片的风轮在达到最大风能利用系数时，相应的叶尖速比范围很小。

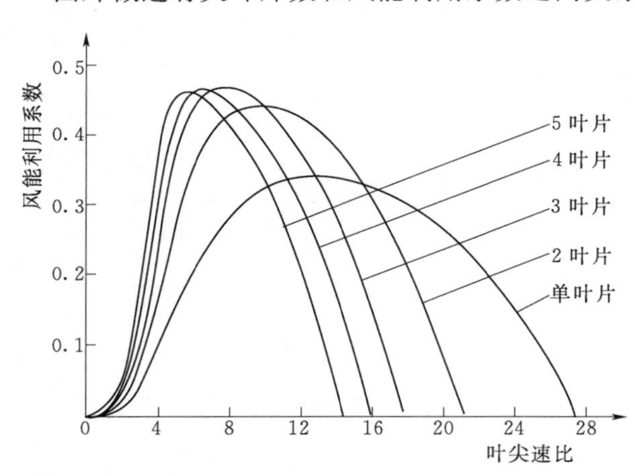

图 3-3　不同叶片数量的风轮 $\lambda - C_{p}$ 曲线

而风力发电机组制造商通常希望得到较高的发电机转速，并可在较宽风速范围内获得较高的风能利用系数，即在较宽的叶尖速比范围工作以合适的高转速运转。绝大多数风力发电机组使用 2～4 叶片的风轮，尤其以 3 叶片风轮应用最广。

3 叶片风轮在结构强度、制造成本、噪声水平、视觉效果、运行稳定性、技术成熟度等方面，均有明显的优势。

3.1.2.2 风轮直径

风轮直径是评价风轮性能重要参数，也是选定叶片和变桨距轴承、设计轮毂结构的重要依据。风轮直径可通过风轮功率计算

$$P=\frac{1}{2}C_{p}\rho V_{1}^{3}\left(\frac{\pi D^{2}}{4}\right)\eta_{1}\eta_{2} \tag{3-1}$$

式中 P——输出功率，W；

ρ——空气密度，通常为1.225，kg/m³；

V_{1}——设计风速，m/s；

D——风轮直径，m；

η_{1}——发电系统效率；

η_{2}——传动系统效率；

C_{p}——风能利用系数。

由式（3－1）可知，风轮直径与叶片性能、风力发电机组额定功率、设计风速及空气密度等因素直接有关。额定功率越大，则风轮直径越大；叶片气动性能越好，则风轮直径越小；设计风速越大，则风轮直径越小；风电场空气密度越大，则风轮直径越小。此外，叶片的重量与风轮直径的立方成正比，输出功率与风轮直径的平方成正比，而叶片质量的增加将增加额外的载荷和成本。

因此风轮直径的选择要综合考虑各种因素，同时参照其他同类型的风力发电机组，并要经过详细的分析计算。

3.1.2.3 叶尖速比

叶尖速比是指风轮叶尖的线速度和风速的比。叶尖速比是一个表征风轮气动性能的无纲参数，也是一个重要的相似准则。叶尖速比不仅影响叶片的外形和载荷，还影响机组的功率曲线和发电量。

叶尖速比反映了叶尖气流的进气角，间接反映所有叶素的进气角，最终反映了气流对叶片的攻角。叶片攻角决定叶素的升力系数、阻力系数和扭矩系数，从而决定整副叶片的气动性能。对一副叶片而言，不同的叶尖速比，对应有不同的攻角，相应的风能利用系数也不同。水平轴变速变桨距风力发电机组在低于额定风速下运行时，可通过调节风轮转速，使风力发电机组在最佳叶尖速比下运行，输出最大功率。若叶尖速比已确定，则需设计相应的叶片外形，才能达到最佳气动性能。因此，要得到最优的叶片外形，则需选择合适的叶尖速比。

通常，叶素弦长与叶尖速比的平方成反比，叶尖速比越大，弦长越小。叶尖速比减小，弦长增大，则叶片的轴向推力等载荷增大。同时，弦长增大也会导致风力发电机组载荷增大，需要增加塔架 、轮毂等部件的强度才能满足载荷增大的要求，直接导致风力发电机组成本增加。

若叶尖速比过大或过小，叶片最大功率系数较低，气动性能都较差；而叶尖速比取中间值时，最大功率系数则相对较大。在此区间，叶尖速比的改变对最大功率系数影响较小。对于不同叶片而言，最佳叶尖速比区间存在一定差别。

叶尖速比还会影响风力发电机组的运行曲线，从而影响发电量。随着叶尖速比增加，

风力发电机组的最佳运行区域变窄，同时额定风速时的叶尖速比更大地偏离设定的叶尖速比，风能利用系数就下降越大，导致额定风速增大，次最佳运行区域变宽，从而使风力发电机组的发电量降低。

因此，从载荷和成本考虑，叶片设计需要增大设计叶尖速比，减小叶片弦长，以降低叶片和机组的载荷和成本。从机组的发电量考虑，需要减小设计叶尖速比，以提高风力发电机组发电量。另外也需要考虑最佳设计叶尖速比的范围。在此范围内，叶尖速比的改变对叶片本身的气动性能影响要小。

3.1.2.4　风轮实度

风轮实度是指叶片在风轮旋转平面上投影面积的总和与风轮扫掠面积的比值。若风轮的叶片数量为 B，每副叶片在风轮旋转平面上的投影面积为 S，风轮扫掠圆半径为 R，则实度 σ 的计算为

$$\sigma=\frac{BS}{\pi R^2} \tag{3-2}$$

风轮实度与叶尖速比相关，风轮实度越大则叶尖速比越低，风轮实度越小则叶尖速比越高。风轮实度越小，则风力发电机组启动风速越大；风轮实度越大，则风力发电机组启动风速越小。此外，风轮实度决定了叶片的重量和材料成本，风轮实度越大则叶片成本越高。综合两方面影响，风轮实度的经验值为 5%～20%。风轮实度如图 3-4 所示。

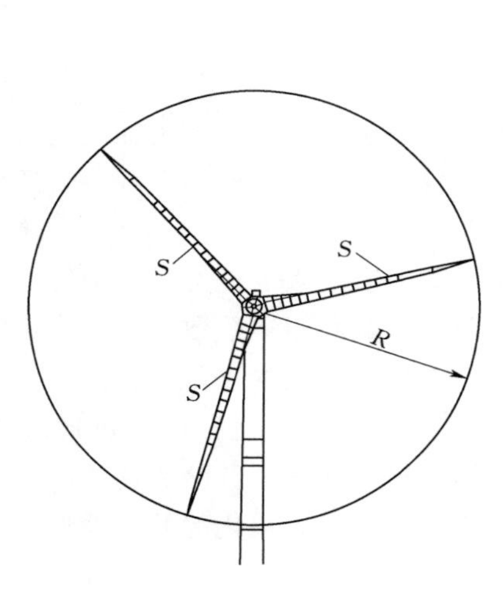

图 3-4　风轮实度示意图

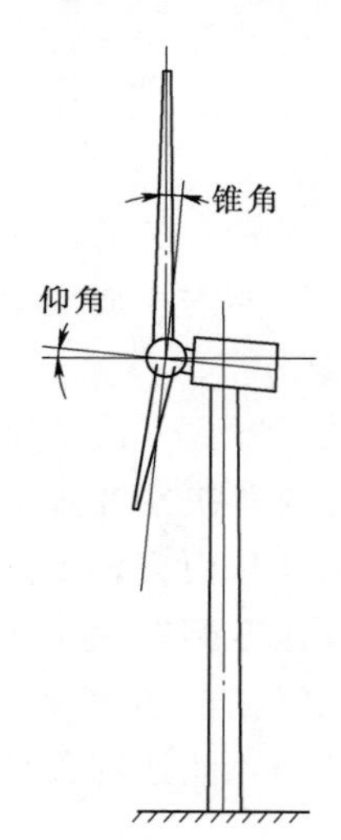

图 3-5　风轮结构角度图
（锥角和仰角）

3.1.2.5　结构角度

风轮的结构角度包括锥角和仰角，如图 3-5 所示。锥角是指叶片与风轮轴垂面的夹角，锥角通常被设计成远离塔架方向，以降低叶片与塔架发生干涉的可能性。仰角是指风轮轴与水平面的夹角，仰角会使风轮向上倾斜，从而进一步降低叶片与塔架发生干涉的可能性。

3.1.3 风轮载荷分析

3.1.3.1 叶片载荷

叶片载荷主要源于气动载荷、叶片重力载荷、惯性载荷和操作载荷。叶片载荷会导致叶片产生挥舞、摆阵、扭转和拉压。图 3-6 中，叶片载荷包括截面载荷和叶根载荷两种，可分别用于计算叶片强度和叶根强度。

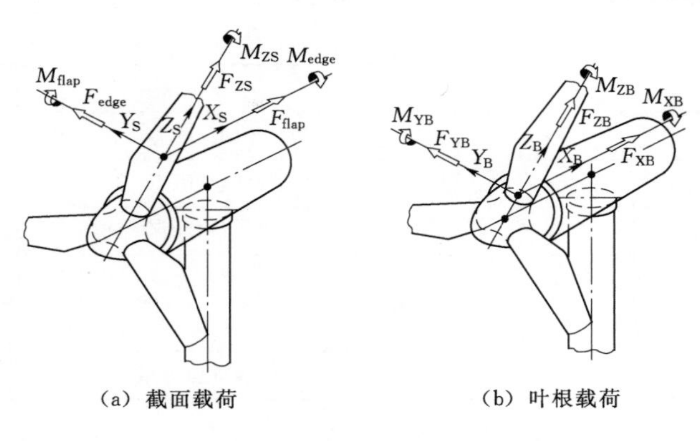

图 3-6　叶片载荷

表 3-1 所示为叶片所受到的各种载荷、载荷来源。

表 3-1　叶　片　载　荷

载荷代号	载荷名称	主要来源
F_{flap}	挥舞剪力	叶片气动载荷
M_{flap}	挥舞弯矩	叶片气动载荷
F_{edge}	摆振剪力	叶片气动载荷
M_{edge}	摆振弯矩	叶片气动载荷和叶片重力
M_{ZS}	俯仰力矩	叶片气动、惯性和操作载荷
F_{ZS}	离心力	叶片惯性和操作载荷
M_{XB}	叶根弯矩	叶片气动载荷
M_{YB}	叶根弯矩	叶片气动和重力载荷
M_{ZB}	叶根扭矩	叶片气动、重力和操作载荷
F_{XB}	叶根剪力	叶片气动和重力载荷
F_{YB}	叶根剪力	叶片气动、重力和操作载荷
F_{ZB}	叶根轴向力	叶片惯性、重力和操作载荷

图 3-7　轮毂载荷

3.1.3.2 轮毂载荷

轮毂载荷主要来源于经叶片传来的气动载荷、轮毂重力载荷及由主轴传来的操作载荷，气动载荷是风轮轴功率的主要来源。轮毂载荷将产生轴向转矩、轴向力、偏航阻力矩和俯仰力矩，还包括叶片的挥舞力矩、叶片推力引起的挥舞方向剪切力、叶片转矩及重力载荷引起的摆振力矩、风轮旋转离心力、叶片的变桨力矩等。

表 3-2 所示为轮毂所受到的各种载荷、载荷来源及载荷的主要作用效果。

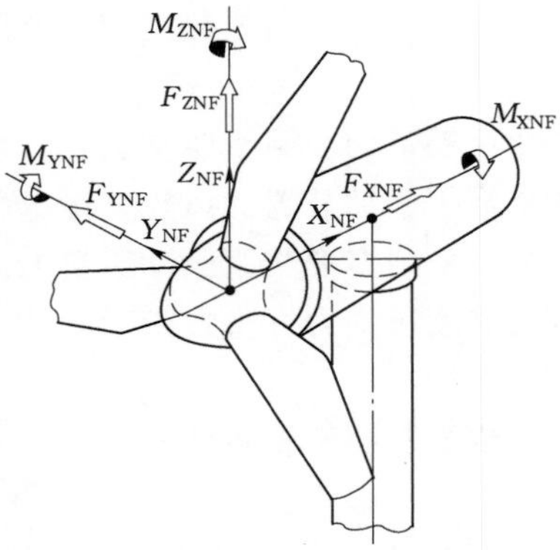

表 3-2　轮　毂　载　荷

载荷代号	载荷名称	主要来源
F_{XNF}	轴向推力	风轮的气动载荷
F_{YNF}	偏航阻力	风轮的气动载荷
F_{ZNF}	倾覆力	风轮的重力载荷
M_{XNF}	驱动力矩	风轮气动载荷与操作载荷
M_{YNF}	俯仰力矩	风轮气动载荷、重力载荷
M_{ZNF}	偏航阻力矩	风轮惯性载荷与操作载荷

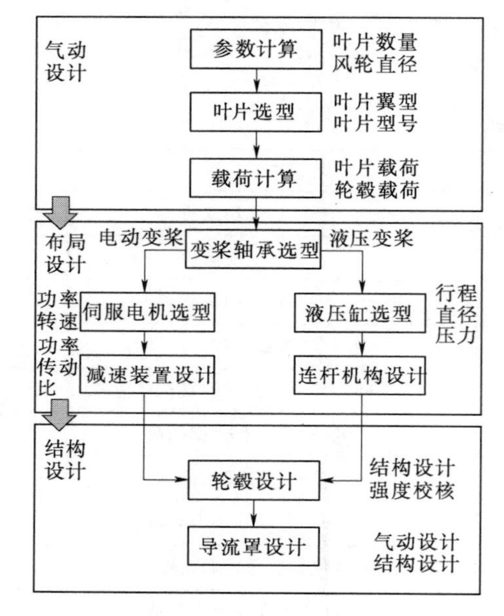

图 3-8　风轮设计流程

3.1.4　风轮设计流程

风轮设计过程复杂，一般涉及空气动力学、机械系统动力学、控制工程等多学科。风轮设计以《风力发电机组设计任务书》为依据，以风电场风资源分析和分级工作为基础，开展风轮及其部件的选型、设计和校核，具体包括气动设计、布局设计、结构设计三方面内容。图 3-8 为风轮的详细设计过程。

3.1.4.1　气动设计

风轮气动设计主要是计算风轮的几何和性能参数，并依据参数选择风轮所采用叶片的数量和翼型，合理选定叶片的型号。根据气动设计结果，通过计算机仿真方法计算出风轮在特定工况条件下的叶片载荷、风轮载荷、机舱载荷和塔架载荷。

3.1.4.2　布局设计

根据叶片载荷、风轮载荷及变桨距运动控制参数，选定合理的变桨距驱动方案，并进一步规划相应的风轮布局设计方案。风轮布局是指确定变桨距驱动装置与轮毂之间的空间相对位置，确定变桨距驱动装置与叶片的数量配比关系。

典型的轮毂布局方案是采用单一变桨距驱动装置或与叶片等量的变桨距驱动装置，轮毂容纳上述装置并提供一定的操作和维修空间。采用单一变桨距驱动装置的风轮，由电机或液压推力杆拖动空间同步机构，使多叶片实现同步变桨距；采用多变桨距驱动装置的风轮，每幅叶片对应一套相对独立的变桨距驱动装置，由电机或液压推力杆直接带动叶片实现独自变桨距。

此外，在轮毂外空间足够的情况下，也可将变桨距驱动装置安装于轮毂外面。

3.1.4.3　结构设计

风轮结构设计是定制风轮中结构件的相关设计工作，包括轮毂设计、导流罩设计等。轮毂应具有变桨距轴承安装结构、变桨距驱动装置安装结构、电气柜安装结构、传感器安装结构、主轴安装结构、导流罩安装结构及腔体结构等。

首先，根据叶根结构、变桨距轴承结构及风轮直径等参数确定轮毂的外形尺寸、叶片安装锥角及变桨轴承安装结构；其次，根据变桨距驱动装置的外形和安装尺寸，设计轮毂的内腔尺寸和变桨距驱动装置安装结构；再次，根据风轮载荷和主轴法兰的结构，设计轮毂上与主轴连接的法兰结构，计算法兰上螺栓分布圆直径和螺栓数量，选定螺栓规格；最后，根据轮毂和叶根结构，设计具有气动导流特性的导流罩，由支架将其固定在轮毂上。为了导流罩安装方便，通常将导流罩分成 4 块。图 3－9 所示为导流罩结构、外形和分块方案。

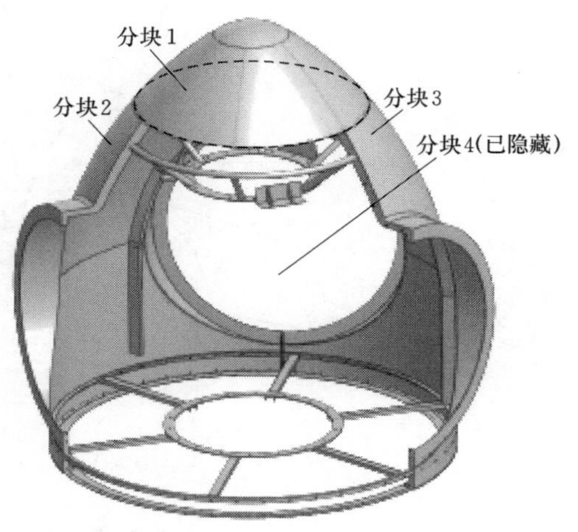

图 3－9　导流罩结构、外形和分块方案

3.2 叶片结构与选型

叶片是风力发电机组的重要部件，性能和质量关系到风力发电机组及其他部件的性能和使用寿命。为此，要根据整机功能和性能要求，设计具有合理的制造精度、气动外形和材料性能的叶片及其安装结构。

3.2.1 设计和选型要求

(1) 气动外形要求。应具备良好的气动外形，能够最大限度地吸收风能，并能够在控制系统作用下发挥良好的制动性能。

(2) 材料性能要求。应具备较好的结构可靠性，能够承受设计要求的极限载荷和疲劳载荷；叶片的振动和变形应该保持在合理范围，避免影响到风力发电机组的安全稳定运行。

(3) 环境适应要求。应该符合设计规定的环境条件要求，具备合理的抗腐蚀、防雷击、抗冰载、耐风蚀的环境适应性能。

(4) 制造成本要求。应在性能和成本之间达到最佳平衡，最大限度降低叶片的材料成本、制造成本和维护成本。

3.2.2 原理和结构

3.2.2.1 叶片翼型和参数

1. 叶素受力情况

叶片气动外形是捕获风能的主要结构，由若干独立的非对称叶素经连续拼接形成。每一段叶素在风作用下形成各自的升力和阻力，升力和阻力由叶素动量理论估算。整个叶片的气动性能由叶片上全部叶素的气动外形共同决定。图 3－10 所示为叶素的升力和阻力情

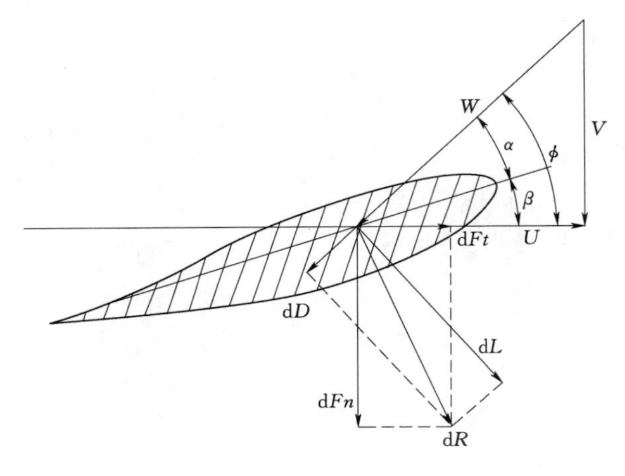

图 3-10　叶素受力情况

况，叶素同时受到升力 dL 和阻力 dD 作用，每个叶素所受的阻力都将对风轮产生推力作用，而升力则是推动风轮旋转的动力。

图 3-10 中，风轮旋转面 U 与弦线所成的角 β 为叶片安装角；翼弦与相对风速 W 所成的角 α 为攻角；风轮旋转平面 U 与相对风速 W 所成的角 ϕ 为入流角。

2. 叶片翼型及选择

风电发展早期，叶片无专门翼型，大多借用航空翼型，如 NACA 翼型。航空翼型仅在高雷诺数（10^7 以上量级）才有较好的性能，而多数风电叶片的工作雷诺数一般为 10^6 量级。为了满足风电产业要求，20 世纪 80 年代出现了风电专用翼型，例如美国国家可再生能源实验室的 NREL 翼型、丹麦 RISO 国家实验室的 RISO 翼型、荷兰 Delft 大学的 DU 翼型、瑞典 FFA-W 翼型等。

增速型风力发电机组多为大型风力发电机组，叶片大多超过 30m。不同风轮半径处的翼型雷诺数不同，对风轮捕获风功率的贡献不同，要求叶片不同展向位置处的翼型具有不同的气动性能，必须选用不同的翼型。叶片由多种不同的翼型沿叶展方向依次拼接而成。

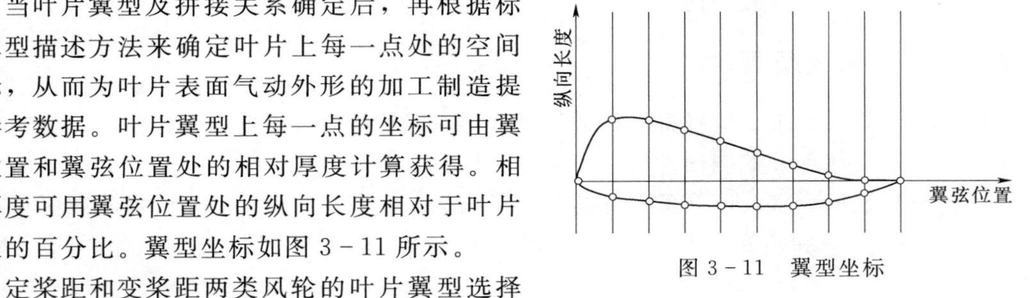

图 3-11　翼型坐标

当叶片翼型及拼接关系确定后，再根据标准翼型描述方法来确定叶片上每一点处的空间坐标，从而为叶片表面气动外形的加工制造提供参考数据。叶片翼型上每一点的坐标可由翼弦位置和翼弦位置处的相对厚度计算获得。相对厚度可用翼弦位置处的纵向长度相对于叶片弦长的百分比。翼型坐标如图 3-11 所示。

定桨距和变桨距两类风轮的叶片翼型选择方法也有所区别。定桨距叶片与轮毂刚性连接，并具有被动失速功能。定桨距风力发电机组运行于额定风速时，叶片的大部分截面处于大攻角临界流动分离状态，对翼型失速性能要求较高。定桨距风力发电机组主要选择风电专用翼型，如 FFA-W 叶片翼型族等。而变桨距叶片是风电叶片的发展主流，通常选用气动特性优良的 NACA 等叶片翼型族，并优化各段叶素的弦长和扭角。

3.2.2.2　叶片结构

1. 截面结构

叶片的截面结构主要功能是支撑叶片的气动外形，使其具有足够的机械强度、刚度和抗疲劳性能。叶片截面分为实心截面、空心截面、空心薄壁复合截面等不同类型。图 3-12 所示为叶片截面的详细结构，包括蒙皮、主梁、腹板、叶根等。

(1) 蒙皮结构。蒙皮由多层结构复合而成，由外向内依次为胶衣层、玻璃纤维增强层、强度层。胶衣层提供光滑的气动表面；强度层是蒙皮的承载层，由双向玻璃纤维织物增强蒙皮的抗剪强度；玻璃纤维增强层是介于胶衣层与强度层之间的缓冲层。蒙皮的后缘部分采用夹层结构，内层为双向玻璃纤维织物，以增强后缘空腹结构的屈曲失稳能力。

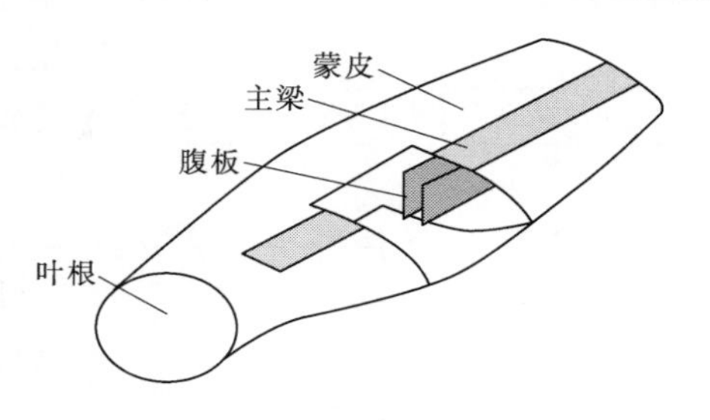

图 3-12 叶片结构组成

（2）梁结构。蒙皮不能保证叶片在各种载荷作用下具备特定的结构和气动性能。为此在蒙皮下方安装了梁结构。叶片的梁结构包括主梁、腹板、后缘梁等，其中主梁承受着叶片的大部分弯曲荷载，是叶片的主要承力结构。主梁采用单向程度较高的玻璃纤维织物，以获得足够的强度与刚度；也可采用 70%的单向玻璃纤维织物与 30%的双向玻璃纤维织物交替铺放，从而加强主梁的整体性。

为了进一步提高叶片竖向刚度和弦向刚度，叶片上下主梁之间一般要安装竖向的筋板，即腹板。主梁和腹板构成箱体梁结构，将叶片截面一分为三。此外，为了提高后缘的结构强度和刚度，在后缘蒙皮下方通常要增加沿叶片展向的辅助梁结构，被称为后缘梁。

2. 叶根结构

叶根是风轮中连接叶片和轮毂的构件。叶根所承受的载荷相对较大，叶片承受的全部载荷均要通过叶根传递给轮毂。叶根处所采用的材料为玻璃纤维复合材料，材料抗拉和抗剪切强度相对较低，叶根结构直接决定了叶片的结构安全性，具体体现在叶根与轮毂的螺栓连接结构。叶根螺栓连接结构主要包括预埋螺栓式和钻孔组装式两种，如图 3-13 所示。

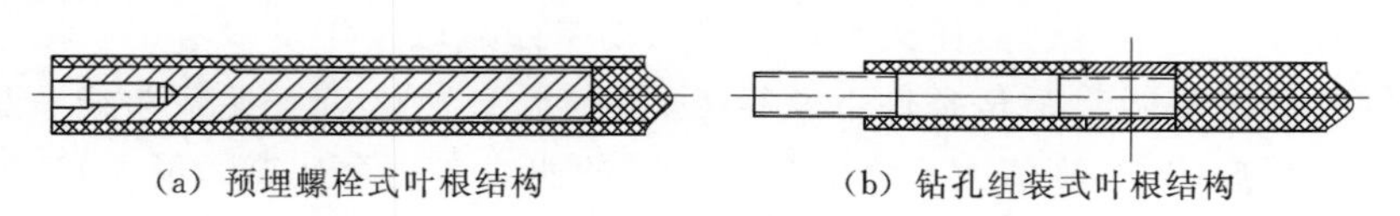

(a) 预埋螺栓式叶根结构　　(b) 钻孔组装式叶根结构

图 3-13 叶根螺栓连接结构

（1）预埋螺栓式叶根是指在叶根部位预埋金属连接构件，构件与轮毂连接的端面设有连接螺栓孔。这种叶根结构型式要求螺纹连接件的定位准确。预埋螺栓式叶根可以避免叶根材料的破坏，有利于提高叶根结构强度和抗疲劳破坏能力。

（2）钻孔组装式叶根是指在叶根成型后，在叶根端面上沿分布圆钻孔，将螺纹连接件置入孔内，再将双头螺栓旋入螺纹连接件。由双头螺栓实现叶片与轮毂的连接。采用钻孔组装式叶根的叶片具有重量轻、加工工艺不复杂等优点，但叶根钻孔过程会破坏叶根材料的结构强度，并且双头螺栓轴线与叶根断面的位置精度难以保证。

目前，主要的叶片生产企业已广泛采用了预埋螺栓式叶根结构。

3.2.3 叶片选型

从企业规模效益和投资成本考虑，有些风力发电机组整机制造厂自已不生产叶片，而委托专业的生产厂商设计符合其要求的叶片，因此叶片选型显得尤为重要，直接关系到风力发电机组整机的性能。风力发电机组整机制造厂在叶片选型方面主要遵循图 3-14 所示

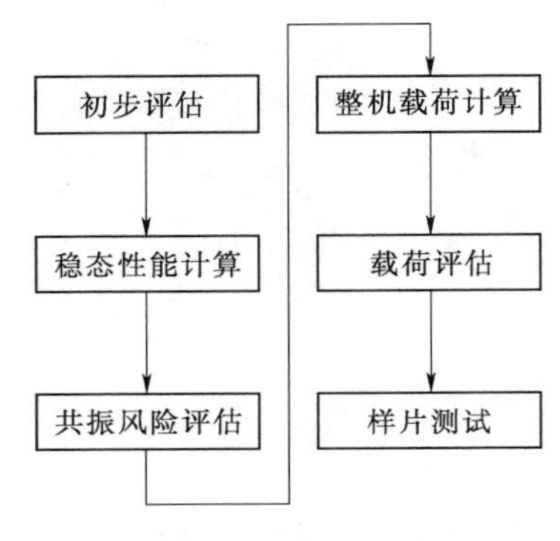

图 3-14　叶片选型流程

流程。该流程包括初步评估、稳态性能计算、共振风险评估、整机载荷计算、载荷评估、样片测试等主要步骤，完成叶片的初选、计算和性能评价。

3.2.3.1　初步评估

叶片的初步评估是指在风力发电机组设计之初，依据《风力发电机组设计任务书》从叶片选型手册中选择与整机容量匹配的叶片型号。该步骤要求设计人员核对叶片厂提供的额定功率、叶片总长、最大弦长、总扭角、功率控制方式、旋转方向、认证使用风区、最大风能利用系数等总体参数，以满足设计任务要求。

为了保证选用高质量的叶片，设计人员应核对叶片厂提供的叶片技术文件，确保各项技术文件、技术数据的完整和规范，确认叶片厂是否具备保证叶片质量的技术实力和生产条件。一些定型的叶片应通过专业认证和检测机构的检测和认证。为了后续的叶片性能验证和整机仿真工作顺利开展，要求叶片厂提供叶片的重量、刚度、各截面设计载荷及叶片的翼型数据。

3.2.3.2　稳态性能计算

为了验证叶片的整体性能是否满足要求，需要借助计算机仿真软件，初步计算和分析叶片及整机稳态性能。叶片厂提供的叶片数据包被导入到 GH-Bladed 等仿真软件，与风力发电机组整机设计参数共同组建计算评估的数学模型。

稳态性能计算主要考察叶片对整机性能的影响。通常通过稳态性能计算，得到风力发电机组整机最佳 $\lambda-C_p$ 曲线、最佳桨距角、静态功率曲线以及年发电量。

$\lambda-C_p$ 曲线是在不同桨距角条件下获得 C_p 值与叶尖速比对应关系曲线。最佳 $\lambda-C_p$ 曲线是 $\lambda-C_p$ 曲线族中 C_p 峰值大，峰值附近平缓的曲线。仿真计算的最大 C_p 值和最佳叶尖速比应该和给定叶片参数表中的最大 C_p 值及对应叶尖速比基本保持一致。最佳 $\lambda-C_p$ 曲线对应的桨距角被称为该叶片的最佳桨距角。

稳态功率曲线是描绘不同风速条件下风力发电机组输出功率的曲线，是利用机组稳态参数及控制算法计算获得的功率曲线。由稳态功率曲线可以得出风力发电机组稳定运行状态下所表现出的性能指标。通常切入风速和额定风速越小，则稳态功率曲线越好。根据稳态功率曲线以及给定的风电场风速分布模型，按照全年 8760h 计算，可获得风力发电机组的年发电量估算值。

依据上述评价指标，若稳态性能达不到设计任务要求的风力发电机组整机设计指标，则要考虑重新选择叶片。带叶片数据的稳态性能计算和仿真，一方面初步评估了风力发电机组整机的性能表现，另一方面考察了所选叶片是否达到预想的选型目标，从而为后续的风力发电机组整机结构设计提供参考。

3.2.3.3　共振风险评估

共振不仅会带来风力发电机组的能量损耗，而且关系到风力发电机组的安全。叶片型号选定后，应评估风力发电机组在设计转速范围内和外部激励下发生共振的风险。共振风险评估可借助模态计算、坎贝尔图等。

坎贝尔图是将风力发电机组的振幅作为风轮转速和频率的函数，将设计转速范围内风力发电机组振动全部分量的变化特征表示出来。坎贝尔图的横坐标为转速，纵坐标为频率，其中强迫振动部分，即与转速有关的频率成分，在起始于原点的射线上，振幅用圆圈来表示，圆圈直径的大小表示幅值的大小，而自由振动部分则呈现在固定的频率线上。通过坎贝尔图计算可以得到风力发电机组各个子系统相互耦合状态的频率特性，从而评估整个风力发电机组的共振风险。

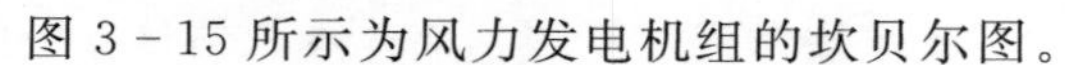

图 3－15 所示为风力发电机组的坎贝尔图。

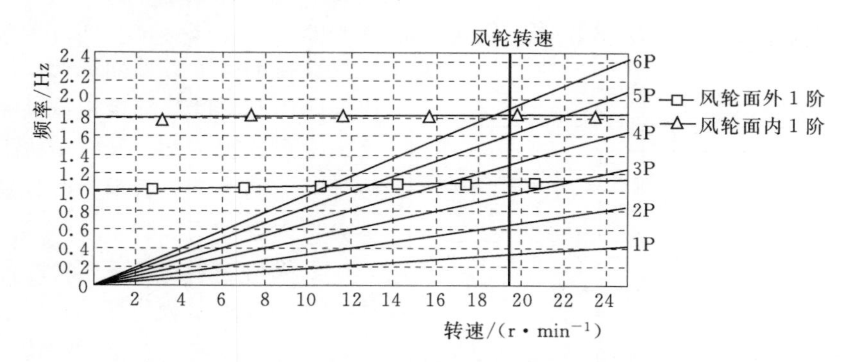

图 3－15 风力发电机组的坎贝尔图示例

3.2.3.4 风力发电机组整机载荷计算

一旦选定了风力发电机组所采用的叶片，可以根据既定的控制策略、控制算法、控制参数及整机参数计算整机载荷。为了提高载荷计算的准确性，必须遵照风力发电机组基本控制策略，并结合实际的控制策略研究成果。

为了提高风力发电机组整机运行的可靠性和稳定性，通常采用载荷优化算法。例如，在变桨距控制过程中引入塔顶振动加速度反馈环节，通过变桨距改变风轮推力大小和不平衡性，从而增加整机的振动阻尼，限制机舱的振动位移，降低塔底所承受的倾覆力矩，减少塔底连接螺栓所承受的疲劳载荷，也可通过主动调节发电机转矩，以增加主传动系统阻尼，抑制主传动系统扭振，从而减小齿轮箱的疲劳载荷。

根据风力发电机组的风轮叶片参数、整机结构参数、控制策略及参数，参照《风力发电机组　第 1 部分：设计要求》(IEC 61400－1—2005)、《风力发电机组　第 3 部分：海上风力发电机组的设计要求》(IEC 61400－3—2009）等标准定义的载荷工况，通过仿真计算获得不同工况条件下的载荷及其各变量的时域序列。整理载荷时域序列可得到风力发电机组各个部件的极限载荷，通过雨流计数可以获得疲劳载荷。极限载荷和疲劳载荷可以作为其他部件选型、设计、分析和评估的依据。

3.2.3.5 载荷评估

载荷评估包括净空风险评估、整机载荷评估和叶片载荷评估等内容，是在载荷计算结果基础上，对所选的叶片及叶片对其他部件影响的全面评估。

(1) 根据叶尖预弯和风轮锥角、机舱仰角、轮毂中心高度、塔顶到轮毂中心的距离，计算静止状态下叶尖到塔架的水平距离，并计算所有极限工况下载荷时域序列作用下的叶尖到塔架水平距离，得到的最小值即为净空距离。《风机认证指南》(GL 2010) 规定：风轮旋转的净空距离不得超过叶尖与塔架之间设计距离的 30%；风轮静止时，净空距离不得超过叶尖与塔架支架设计距离的 5%。

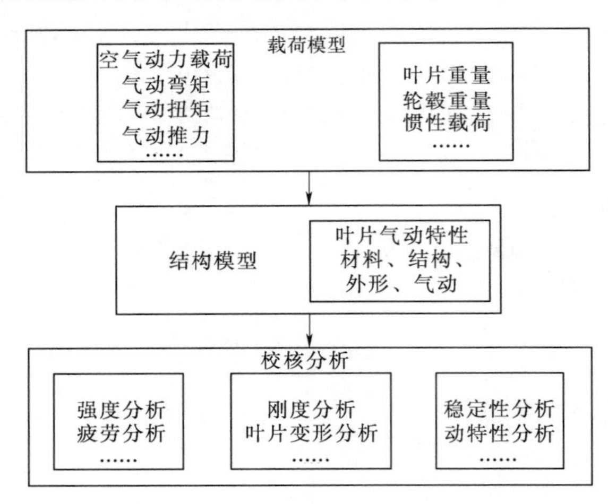

图 3-16　叶片总体校核内容及其步骤

（2）风力发电机组整机各部位的极限载荷和疲劳载荷不得超过各自的设计载荷。如果仿真计算获得的载荷结果超过了各部位的设计载荷，则需要对各个结构、部件做进一步的校核计算，估计其极限强度和疲劳寿命的余量。同时要将整机载荷计算获得的叶片各截面载荷反馈给叶片供应商，由其对叶片在极限载荷条件下的强度、变形、稳定性以及疲劳强度等进行校核计算。图 3-16 所示为叶片总体结构基本分析内容及其步骤。

如果所选叶片通过了整机的稳态评估、动态分析和载荷评估，没有潜在的共振风险、净空距离复合 GL 标准要求，并且叶片和风力发电机组整机相关结构、部件均通过了校核计算，则认为所选的叶片符合风力发电机组整机设计要求。

此外，为了保证所选叶片质量，通常要按照《风力发电机组　第 23 部分：叶片结构测试》（IEC 61400-23—2014）等标准要求进行叶片的静载、频率和疲劳测试。

3.3　变桨距机构设计

3.3.1　变桨距机构概述

变桨距是叶片绕轴线旋转的运动过程，通过改变叶素攻角来控制风轮所受的空气动力转矩。变桨距的主要功能是调节风轮捕获风能的大小，并担负一定的风力发电机组安全防护作用。变桨距机构就是驱动叶片实现变桨距的机械装置，辅助完成风轮的功率调节、气动制动、动态载荷控制等功能。图 3-17 所示为变桨距机构的组成。

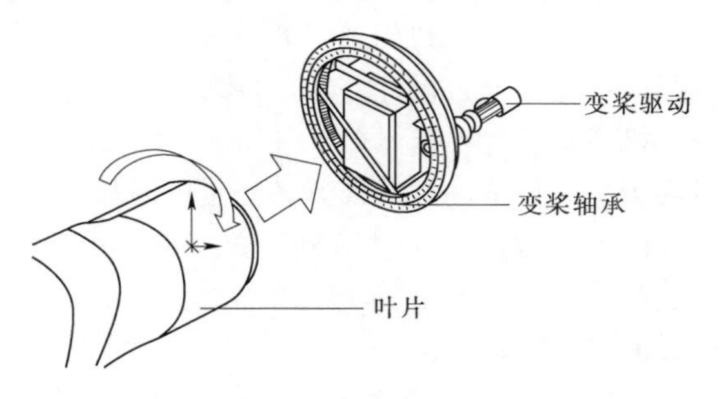

图 3-17　变桨距机构的组成

变桨距机构安装于轮毂上，具体的安装位置则由变桨距驱动装置的类型、风力发电机组的额定功率、轮毂结构等多种因素共同决定，常见的变桨距机构有电动变桨距机构和液压变桨距机构。

变桨距机构主要由变桨距轴承和驱动装置两部分构成，驱动装置分为液压驱动和电机驱动两类。电机驱动装置由电动机提供动力，经减速器、驱动小齿轮将变桨距驱动力矩传给变桨距轴承的齿圈，再由变桨距轴承齿圈将驱动力矩传递给叶片，实现变桨距操作。液

压驱动装置由电机带动液压泵产生液压驱动力，再由液压缸推动摇杆在一定角度范围内摆动，而带动变桨距轴承和叶片回转。

变桨距机构较复杂，设计过程如图 3-18 所示。

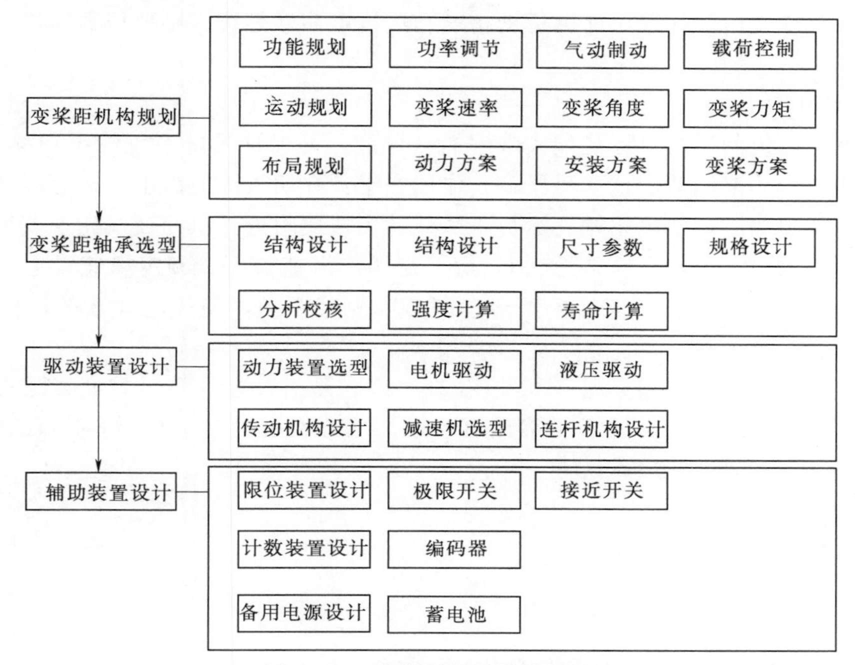

图 3-18 变桨距机构设计过程

变桨距机构设计过程如下：

(1) 初步规划变桨距机构，包括功能规划、运动规划、布局规划等。

(2) 初步计算或选择变桨距轴承。

(3) 计算和选择变桨距机构的动力装置，如伺服电机、液压缸等。

(4) 设计变桨距驱动装置的传动机构，如传动比分配、减速机选型、连杆机构设计等。

(5) 设计和选择变桨距机构辅助装置，如限位装置、计数装置、后备电源等。

为了保证平稳控制功率，风力发电机组正常运行时要求变桨距速度为 (5～7)°/s。风力发电机组出现故障需紧急停机时，原则要求在部件强度允许条件下，变桨距加速度和速度越快越好，在 0.8s 内从静止加速到最大速度 (8～10)°/s。为保证控制的精度和稳定性，位置误差要求在 0.1°以内。由于叶片在不同桨距角受到的空气动力不同，三个桨距角不同步将造成风轮的气动不平衡，严重时会对机组的安全运行造成影响。三副叶片位置定位精度及运动过程的同步性要有一定的要求，同步误差应小于 1.5°。变桨距系统是对同步性能有一定要求的三轴位置随动系统。

3.3.2 变桨距机构规划

3.3.2.1 功能规划

1. 运行控制

根据风力发电机组在切入风速、切出风速及临时性工况条件下的启动、停机、急停等运行控制要求，变桨距机构应提供开桨、关桨及桨距角控制的动作执行功能。同时，变桨距机构要根据外部环境条件，在控制系统指令作用下，提供不同速率、不同桨距角的变桨距伺服功能。因此，变桨距机构应具有较高的运动执行准确性、重复运动精度、执行响应速度和执行鲁棒性，具体采用何种运动精度和运行可靠性等级，则要根据质量成本予以综合评估。

2. 功率调节

风力发电机组的运行目标是最大限度捕获风能，并保证发电系统输出功率的稳定性。变桨距机构作为功率调节的重要手段，其作用在于：在切入风速以上、额定风速以下，调节桨距角到特定角度，使风轮始终运行于最佳叶尖速比附近，从而使风轮捕获风能达到当前风速条件下的最大值，即获得最优 C_p 值；在切出风速以下、额定风速以上，以发电系统输出功率为控制目标和反馈信号，动态调节叶片桨距角，使风轮捕获的风能保持相对稳定。

因此，变桨距机构必须标定 0°和 90°位置，并在稳态性能计算时为变桨距机构设定最佳桨距角。最佳桨距角通常位于 0°桨距角附近。风力发电机组运行过程中桨距角在 0°～30°范围内变化，以实现功率调节。

3. 气动制动

制动过程的微分方程为

$$M_W + M_M + M_E = J\frac{d\omega}{dt} \tag{3-3}$$

式中　M_W——折算到机械制动轴上的空气动力矩，N·m；

M_M——机械制动力矩，N·m；

M_E——折算到机械制动轴上的发电机电磁力矩，N·m。

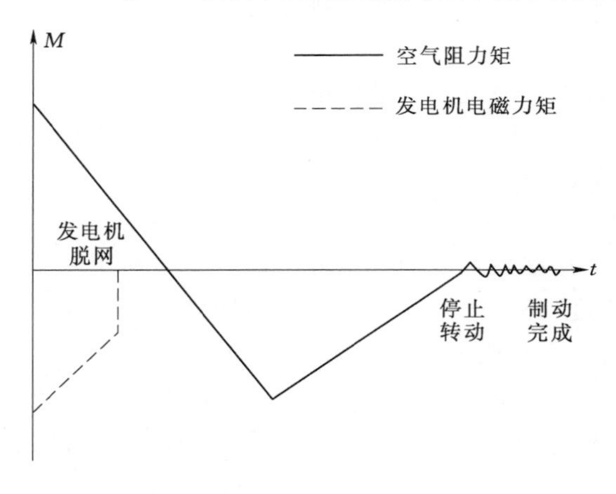

图 3－19　变桨距机构设计过程

可知，风轮从旋转状态到停止转动，由多机构、多部件协同动作形成制动作用。制动源包括风轮、发电机、机械制动装置等，但空气动力转矩、电机电磁力矩、机械制动力矩并非同时作用，其随时间变化的定性曲线如图 3－19 所示。其中机械制动力矩仅在极特殊情况下参与制动，因此并未在图 3－19 中表现出来。

为了在切出风速以上或特定指令作用下，风轮能够迅速停止转动。变桨距机构必须提供关桨、快速关桨等功能，使叶片桨距角从 0°回到 90°附近，此时叶片所受到的阻力将大于升力，实现风轮的气动制动。气动制动是使风轮安全停转的最主要措施，因此必须保证变桨距机构稳定，可以可靠执行风轮气动制动的伺服变桨距功能。

但一些电网脆弱地区，经常会出现风力发电机组脱网和掉电现象。为了保证风力发电机组在电网掉电期间依然能够实施准确的气动制动功能，需要为变桨距机构提供额外的备

用电源，并在控制系统中提供应急电源的切换控制功能。

4. 载荷控制

风况的瞬变性和切变特性会导致风轮气动载荷表现出明显的不均衡性。一方面是风轮的载荷时间历程分布不均衡，另一方面是风轮载荷在风轮面内的空间不均衡。载荷不均衡的特点，直接导致机组运行稳定性变差、机械结构在动载荷作用下振动和疲劳加剧。

为了解决该问题，可采用基于独立变桨距的风轮动态载荷控制技术。以瞬时风速、发电功率和叶片方位角为反馈信号，通过独立变桨距来调节处于不同方位角的叶片桨距角，从而使风轮载荷在空间上分布均衡，在时间上保持平稳。为此，变桨距机构必须具备独立变桨距功能，并且变桨距机构装配精度要高，不能出现明显爬行和响应慢的情况。

3.3.2.2 运动规划

叶片受到空气动力矩、重力、摩擦力矩等的共同作用，变桨距驱动装置必须提供与之相应的驱动力矩才能使其按规定的角速度绕轴线旋转。空气动力矩、重力、摩擦力矩、驱动力矩可构成运动平衡方程，由此可求出叶片旋转所需的驱动力矩。

1. 气动转矩

分析叶素的升力和阻力可知，作用在叶片轴线上的气动力矩 M_W 可由各个叶素上的气动转矩复合而成，具体可表示为

$$M_W = \sum_{i=1}^{N_1} \delta M_{Wi} \tag{3-4}$$

$$\delta M_{Wi} = L_W \delta Q \tag{3-5}$$

其中

$$\delta Q = \delta L\cos\phi - \delta D\sin\phi \tag{3-6}$$

式中 M_W——旋转轴上的空气动力矩，N·m；

N_1——叶片上分段总数；

δM_{Wi}——展向长度为 δr 的叶素上产生的气动力矩，N·m；

L_W——空气动力力臂，m；

δQ——微元空气动力合力，N。

叶片在变桨距过程中所受到的气动力矩方向随桨距角不断变化，开桨时的气动力矩为制动力矩，顺桨时气动力矩为驱动力矩，如图 3-20 所示。

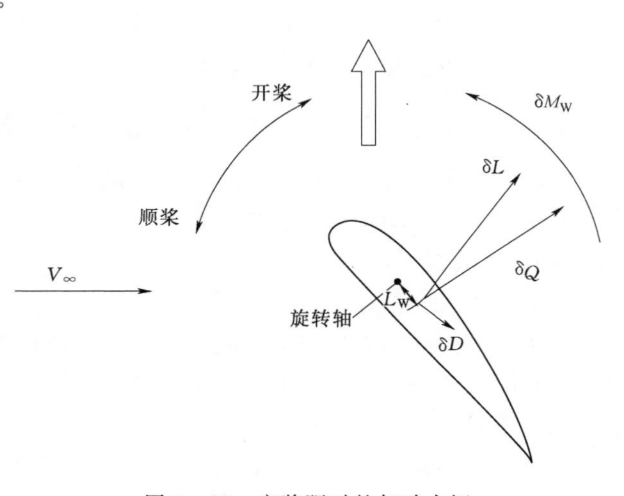

图 3-20 变桨距时的气动力矩

2. 重力转矩

随着风轮不断旋转，叶片的方位角不断改变，叶片自身重力对其旋转轴线的力矩，即重力矩也在不断改变。叶片旋转轴线与竖直方向相同时，重力对叶片旋转轴的力矩为零。叶片旋转轴线与水平方向相同时，重

力矩的绝对值最大。叶片的重力矩也可以由各个叶素的重力矩复合而成，即

$$M_G = \sum_{i=1}^{N_1} \delta M_{Gi} \tag{3-7}$$

其中

$$\delta M_{Gi} = L_{Gi}\delta f_{Gi} \tag{3-8}$$

式中 M_G——旋转轴上的重力矩，N·m；

N_1——叶片上分段总数；

δM_{Gi}——展向长度为 δr 的叶素上产生的重力矩，N·m；

L_{Gi}——重力力臂，m；

δf_{Gi}——微元重力，N。

3. *摩擦力矩*

变桨距轴承内部的摩擦力，会对叶片形成摩擦力矩。摩擦力方向总是和变桨距运动方向相反，因此摩擦力矩为制动力矩。摩擦力矩通常包括黏性摩擦力矩和库仑摩擦力矩，前者与变桨距转速有关。摩擦力矩可计算为

$$M_R = -(B\omega_C + M_{KL}) \tag{3-9}$$

式中 M_R——旋转轴上的摩擦力矩，N·m；

B——黏性摩擦系数；

ω_C——变桨距角速度，rad/s；

M_{KL}——库仑摩擦力矩，N·m。

4. *驱动力矩*

叶片受到以上复杂力矩的共同作用，但不足以使叶片桨距角发生改变。为了实现叶片桨距角按一定角速率变化，必须为其施加一定的驱动力矩。根据叶片变桨距过程的受力情况和运动情况，分析可得风力发电机组变桨距过程的运动平衡方程，即

$$M_D + M_W + M_G + M_R = J_C \frac{d\omega_C}{dt} \tag{3-10}$$

式中 M_D——变桨距机构的驱动力矩，N·m；

J_C——叶片对旋转轴线的转动惯量，kg·m^2。

驱动力矩 M_D 可由其他变量表示为

$$M_D = J_C \frac{d\omega_C}{dt} - M_W - M_G - M_R \tag{3-11}$$

驱动力矩由电动机、液压马达等装置提供动力，因此可由式（3-11）计算获得电动机、液压马达的驱动功率和规格参数。

3.3.2.3 布局规划

1. *动力规划*

变桨距机构的动力可由伺服电机或液压泵站提供，对应的变桨距机构被称为电动变桨距机构和液压变桨距机构。电动变桨距机构和液压变桨距机构的动力源不同，其对应的变桨距机构布局方案也有区别。

伺服电机具有高转速和低转矩的特点，因此在变桨距轴承与电机之间必须安装减速机，以提高驱动力矩，并获得合适的变桨距速率。电动变桨距机构用变频器控制变桨距，

变桨距驱动力矩平稳、叶片桨距角控制精度高，同时变桨距机构运行受气候和环境因素影响小。电动变桨距机构的布局规划要考虑伺服电机、减速机等驱动装置的安装位置、安装控件和安装精度，保证有足够的吊装和维修空间，并保证变桨距驱动小齿轮与变桨距轴承齿圈之间的正确啮合。电动变桨距机构的控制器安装于轮毂内，其通信信号和电源线路通过滑环引导，经由主轴进入轮毂。滑环安装位置在一定程度上会影响变桨距机构的维修成本，通常做法是将其安装于齿轮箱后部。

液压变桨距机构是以液压泵站作为动力源的变桨距机构，具有刚度大、扭矩大、定位准确、响应速度快、非线性动力等特点。液压变桨距机构由液压油在电磁阀控制下沿着液压管路传递液压动力。由液压油驱动液压缸内的活塞杆做直线运动，推动摇杆机构在一定行程角范围内摆动，带动叶片绕其旋转轴做圆周运动，从而实现叶片的变桨距动作。液压变桨距机构的动力传动过程伴随着连杆机构的大行程直线运动和大幅角摇摆运动，因此机构规划过程要考虑构件的运动行程和彼此干涉问题。不同容量和变桨距要求的风力发电机组，液压变桨距机构还有同步变桨距机构和独立变桨距机构之分。

2. 安装规划

根据驱动装置的安装位置不同，变桨距机构可分为内安装和外安装两种布局。内安装是指驱动装置安装于轮毂内，外安装则将驱动装置置于轮毂外。若电动变桨距机构采用内安装方案，则必须选用带内齿圈的变桨距轴承，使变桨距驱动小齿轮与变桨距轴承的齿圈内啮合；若电动变桨距机构为外安装方案，则必须选用带外齿圈的变桨距轴承，使变桨距驱动小齿轮与变桨距轴承的齿圈外啮合。对液压变桨距机构而言，由于受液压变桨距机构行程限制，无论是同步变桨距还是独立变桨距，主要采用内安装。

采用内安装方案的变桨距机构，全部构件置于轮毂内，具有结构紧凑、维修方便等特点，当前主流的风力发电机组大多采用此类变桨距机构安装方式；而外安装方案主要用于轮毂内腔较小的风力发电机组或具有超大轮毂的风力发电机组。

3.3.3 变桨距轴承选型与设计

变桨距轴承是变桨距机构的核心部件，作用有两方面：①使叶片绕轴线回转；②承受来自叶片的气动、重力和惯性载荷。图 3-21 所示为变桨距轴承的结构，包括内圈、外圈、滚动体。为了保证变桨距轴承在恶劣气候环境下的充分润滑，变桨距轴承为闭式设计，即采用双唇密封将沟道密闭。外侧密封唇阻止外部粉尘进入轴承，内侧密封唇阻止轴承内润滑脂泄漏。密封圈材料为耐油橡胶材料，使用寿命要求为 20 年。密封圈的密封压缩量要能满足在使用寿命期内轴承沟道工作压力保持在 0.2MPa，极限压力达到 0.25MPa；密

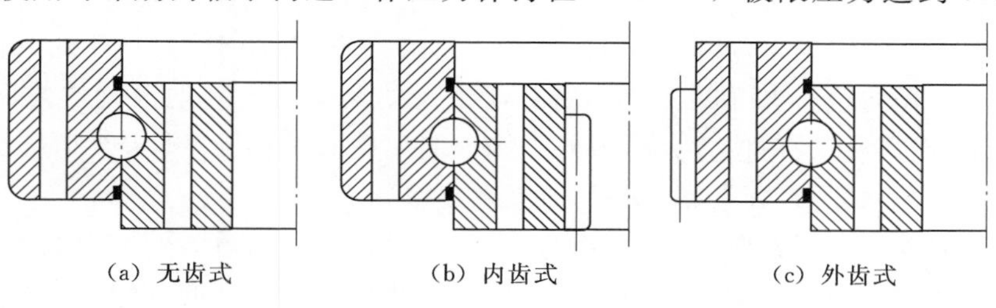

(a) 无齿式　　(b) 内齿式　　(c) 外齿式

图 3-21　变桨距轴承结构

封圈与接触面要用足够小的粗糙度，以减少摩擦、提高使用寿命、减小开关桨启动时的摩擦力矩。

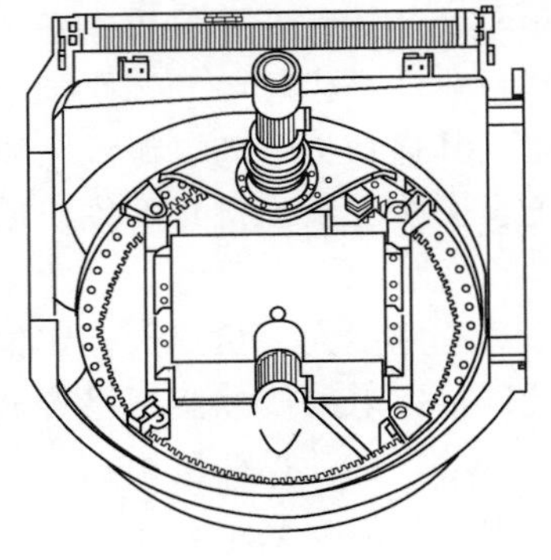
图 3-22　变桨距轴承安装形式

图 3-22 所示为变桨距轴承的安装图，其中齿圈与叶片叶根通过螺栓连接，而无齿一侧与轮毂通过螺栓连接，需要指出的是液压变桨距机构无需齿轮传动，因此其变桨距轴承的内圈和外圈均可采用无齿结构。

3.3.3.1　变桨距轴承选型的主要步骤

变桨距轴承的选择和设计，主要根据《风机认证指南》(GL—2010)。变桨距轴承选型和设计的主要步骤如下：

(1) 根据叶根安装结构和主要尺寸选择变桨距轴承。

(2) 根据变桨距轴承承受的极限载荷，校验静承载能力。

(3) 计算变桨距轴承的动态载荷，并校验额定寿命。

(4) 计算变桨距轴承的轮齿承载能力。

3.3.3.2　变桨距轴承的静承载能力计算

1. 通用条件

变桨距轴承主要承受动态载荷，但为了防止变桨距轴承零件接触表面产生过大的塑性变形，要求其具备一定的静承载能力，并以此作为初步选型的辅助方法。相关要求可以通过额定静载荷校核计算予以实现，则要求

$$C_0 \geqslant S_0 P_0 \tag{3-12}$$

式中　C_0——变桨距轴承的额定静载荷，N；

P_0——变桨距轴承的当量静载荷，N；

S_0——静安全系数。

对于静安全系数 S_0，对不同的材料热处理工艺，取值通常不同。变桨距轴承多为深沟球轴承，静安全系数一般为 1.5。对不同风力发电机组和客户认证的需要，变桨距轴承的静安全系数应满足要求，工程推荐值不小于 1.35。

2. 深沟球轴承滚动体载荷分布

变桨距轴承的静承载能力由沟道的静安全系数描述。设两个沟道平均承受轴向力 F_{as}、径向力 F_{rs} 和倾覆力矩 M_s，单个沟道承受的轴向力为 $F_a=F_{as}/2$，径向力为 $F_r=F_{rs}/2$、倾覆力矩为 $M=M_s/2$。求出单个沟道中滚子的载荷分布，则单个滚道的静安全系数就是变桨距轴承的静安全系数。

假定轴承的外圈固定，内圈受轴向力 F_a、径向力 F_r 和倾覆力矩 M 的共同作用，产生轴向位移 δ_a、径向位移 δ_r 和转角 θ。受载荷最大的滚动体与其他滚动体之间夹角为 φ，轴承受载荷作用前，任意角位置处的内外圈沟道曲率中心距相同，即原始沟心距为

$$A=(f_i+f_e-1)D_w \tag{3-13}$$

两组滚道中承受主要轴向力的滚道为主推力沟道，另一沟道为辅推力滚道。轴承受载荷作用后，主辅推力沟道的沟心距均发生改变。任意角位置 φ 处的主辅推力沟道沟心距改变为

$$S_{\varphi m}=[(A\sin\alpha_0+\delta_a+R_i\theta\cos\varphi)^2+(A\cos\alpha_0+\delta_r\cos\varphi)^2]^{1/2} \tag{3-14}$$

$$S_{\varphi s}=[(A\sin\alpha_0-\delta_a-R_i\theta\cos\varphi)^2+(A\cos\alpha_0+\delta_r\cos\varphi)^2]^{1/2} \tag{3-15}$$

式中　α_0——原始接触角。

$$R_i=\frac{1}{2}d_m+(f_i-0.5)D_w\cos\alpha_0 \tag{3-16}$$

滚动体与主辅推力滚道的总弹性变形量 $\delta_{\varphi m}$ 和 $\delta_{\varphi s}$ 等于内圈发生位移后的沟心距与原始沟心距之差，即

$$\delta_{\varphi m}=S_{m\varphi}-A \tag{3-17}$$

$$\delta_{\varphi s}=S_{s\varphi}-A \tag{3-18}$$

根据 Hertz 弹性点接触理论，作用于滚动体上的载荷 Q 与滚动体和内外滚道间总的弹性变形量 δ 存在关系

$$Q=K_n\delta^{1.5} \tag{3-19}$$

式中　K_n——变形常数。

由式（3－19）可求出任意角位置 φ 处滚动体的载荷。

主推力滚道上滚动体的载荷为

$$Q_{\varphi m}=K_{nm}\delta_{\varphi m}^{1.5} \tag{3-20}$$

辅推力滚道上滚动体的载荷为

$$Q_{\varphi s}=K_{ns}\delta_{\varphi s}^{1.5} \tag{3-21}$$

内圈发生位移后，不同角位置 φ 处滚动体的接触角 $\alpha_{\varphi m}$，$\alpha_{\varphi s}$ 也会发生改变，主推力滚道滚动体的接触角 $\alpha_{\varphi m}$ 变为

$$\sin\alpha_{\varphi m}=\frac{A\sin\alpha_0+R_i\theta\cos\varphi}{S_{m\varphi}} \tag{3-22}$$

$$\cos\alpha_{\varphi m}=\frac{A\cos\alpha_0+\delta_r\cos\varphi}{S_{m\varphi}} \tag{3-23}$$

辅推力滚道滚动体的接触角 $\alpha_{\varphi s}$ 变为

$$\sin\alpha_{\varphi s}=\frac{A\sin\alpha_0-\delta_a-R_i\theta\cos\varphi}{S_{s\varphi}} \tag{3-24}$$

$$\cos\alpha_{\varphi s}=\frac{A\cos\alpha_0+\delta_r\cos\varphi}{S_{s\varphi}} \tag{3-25}$$

建立内圈的静力学平衡方程组，即所有滚动体作用在内圈上的力应与外力相平衡为

$$F_a=\sum Q_{\varphi m}\sin\alpha_{\varphi m}-\sum Q_{\varphi s}\sin\alpha_{\varphi s} \tag{3-26}$$

$$F_r=\sum Q_{\varphi m}\cos\alpha_{\varphi m}\cos\varphi+\sum Q_{\varphi s}\cos\alpha_{\varphi s}\cos\varphi \tag{3-27}$$

$$M=\frac{1}{2}d_{m1}\sum Q_{\varphi m}\sin\alpha_{\varphi m}\cos\varphi-d_{m2}\sum Q_{\varphi s}\sin\alpha_{\varphi s}\cos\varphi \tag{3-28}$$

式中　d_{m1}、d_{m2}——双列深沟球轴承的两个沟道圆弧直径。

式（3－26）～式（3－28）构成的方程组是以内圈位移量为未知量的三元非线性方程组。给定外载荷时，通过数值方法可求该方程组解 δ_a、δ_r、θ，然后用上述的滚动体载荷计算公式即可获得载荷情况。

3. 接触强度计算

运用滚动体载荷分布的数值求解法，若轴承外载荷已知，则可求出作用于滚动体上的

最大载荷 P_{max}。根据 Hertz 弹性点接触理论可求出滚动体的最大接触应力，即

$$\delta_{max}=\frac{858}{n_a n_b}\sqrt[3]{(\sum\rho)^2 P_{max}} \tag{3-29}$$

变桨距轴承的静安全系数 A_0 可由滚动体的最大接触应力和许用接触应力表示为

$$A_0=\left(\frac{[\delta_{max}]}{\delta_{max}}\right)^3 \tag{3-30}$$

3.3.3.3　变桨距轴承的额定寿命计算

1. 当量动载荷计算

采用当量动载荷计算变桨距轴承的基本额定寿命。变桨距轴承的当量动载荷可采用由载荷谱计算获得的平均当量动载荷，计算公式为

$$P=\sqrt[p]{\frac{\sum P_i^p n_i}{N}} \tag{3-31}$$

式中　P——平均当量动载荷，N；

P_i——由设计载荷确定的轴承当量动载荷，N；

p——寿命指数，由于变桨距轴承为双列球轴承，则 $p=3$；

n_i——P_i 作用下的循环次数；

N——总循环次数。

2. 额定寿命计算

可按照寿命期内 10%失效概率计算轴承的额定寿命 L_{10}，L_{10} 为变桨距轴承额定寿命期内要转动的最低转数，额定寿命也可用小时数表示为 L_h，两者的计算公式为

$$L_{10}=\left(\frac{C}{P}\right)^{\varepsilon} \text{或} L_h=\frac{10^6}{60n}\left(\frac{C}{P}\right)^{\varepsilon} \tag{3-32}$$

式中　C——变桨距轴承的基本额定动载荷，N；

P——变桨距轴承的当量额定动载荷，N；

n——变桨距轴承的工作转速，r/min；

ε——计算指数，其数值与平均当量动载荷计算时的寿命指数 p 数值相同。

由于风轮旋转、变桨距运动及所受到的气动载荷具有交变和随机特性，复杂的动态载荷使当量额定动载荷计算难度较大。可按照 Miner 准则将实测或仿真获得的载荷谱简化为 n（$n\geqslant10$）个载荷等级，按照上述公式计算各个载荷等级对应的额定寿命，再折算出综合额定寿命为

$$L_{10m}=\frac{1}{\sum_{i=1}^{n}\frac{u_i}{L_{10m_i}}} \tag{3-33}$$

式中　L_{10m}——综合额定寿命，h；

u_i——第 i 个载荷等级下轴承寿命所占的百分比；

L_{10m_i}——第 i 个载荷等级下的额定寿命。

此外，变桨距轴承的额定寿命还受到轴承结构、工作游隙、变形情况、载荷分布、修形量、工作温度、润滑油添加剂及黏度、润滑油质量等因素影响，因此需要在 L_{10m} 基础上加额定寿命修正系数 a，即

$$a = a_1 a_2 a_3 \tag{3-34}$$

$$a_3 = a_{3k} + a_{3l} + a_{3m} \tag{3-35}$$

式中　a_1——可靠性修正系数；

a_2——轴承材料修正系数；

a_3——环境条件修正系数；

a_{3k}——载荷区修正系数；

a_{3l}——润滑修正系数；

a_{3m}——偏心修正系数。

寿命修正系数 a_{DIN} 通常应不大于3.8，并且不得小于1。由此获得的变桨距轴承修正额定寿命不小于175000h或不小于风力发电机组的使用寿命。

3.3.3.4　变桨距轴承的轮齿承载能力计算

变桨距轴承的内圈或外圈带有轮齿，判定轮齿承载能力主要以齿面不发生破坏性点蚀和齿根不发生断裂为判据，即变桨距轴承工作时，轮齿啮合会在轮齿内及齿面上产生应力，若实际应力超过许用应力，则会发生失效。

变桨距轴承承载能力主要表现在齿面承载能力和齿根承载能力，需要分别依据ISO 6336和ISO TR 10495标准对齿面和齿根的承载能力进行校核，主要校核内容包括静强度分析和疲劳强度分析两类。

疲劳强度分析时，推荐使用的齿面接触应力安全系数和齿根弯曲应力安全系数分别为1.0和1.25。齿面静强度分析时，齿面接触应力安全系数和齿根弯曲应力安全系数分别为1.0和1.2。此外，由于变桨距轴承中仅有1/4左右的轮齿参与啮合，因此轮齿疲劳强度分析所采用的交变载荷，载荷循环周期至少应乘以因数4。

3.3.4　变桨距机构设计

变桨距驱动装置包括电动变桨距驱动和液压变桨距驱动两种类型。下面分别讨论电动变桨距和液压变桨距两种变桨距驱动机构的设计方法。

3.3.4.1　电动变桨距机构设计

电动变桨距是指由电动机提供变桨距驱动功率，通过减速机、齿轮来驱动叶片绕其轴线旋转，从而完成变桨距。电动变桨距驱动装置由电动机、减速机和齿轮副构成，电动变桨距驱动装置的设计和选型包括电机选择、减速机选择和齿轮副设计等内容。

1. 伺服电机选择

变桨距电动机主要采用伺服电机，以精确控制变桨距角度。伺服电机除了提供驱动力矩外，还带电磁制动功能，以实现叶片在不同桨距角下随时停止转动。伺服电机有直流伺服电机或交流伺服电机两种，二者的机械结构差别不大，但性能存在一定差异。直流伺服电机的动力矩大、低速特性好，但电刷维护困难、电机体积较大；交流伺服电机的结构简单、维护工作量小，但在变桨距驱动器失效情况下难以紧急收桨。随着矢量控制技术的不断成熟，交流系统的动态控制问题已经得到明显改善，尤其在可靠性、免维护性要求高的海上风力发电机组上，交流伺服电机得到了充分应用。

根据变桨距机构所受力矩情况和最大变桨距速率计算变桨距驱动功率 P_D，计算为

$$P_D = M_D \gamma_f \omega_C \tag{3-36}$$

式中　M_D——变桨距驱动力矩，N·m；

　　γ_f——载荷安全系数，一般取 1.35；

　　ω_C——最大变桨距速率，rad/s。

根据变桨距驱动功率 P_D 和总传动效率 η 可计算得到电动变桨距装置的伺服驱动电机额定功率 P_M 为

$$P_M \geqslant P_D / \eta \tag{3-37}$$

式中　η——总传动效率，包含齿轮副效率和减速机效率，一般应大于 95%。

根据伺服驱动电机额定功率 P_M 选定伺服电机型号，由此得到伺服电机的额定转速 ω_M。

2. 齿轮副设计

齿轮副由相互啮合的变桨距轴承齿圈和驱动小齿轮构成。齿圈的齿数、模数、压力角等参数由变桨距轴承制造单位设计、计算和确定，风力发电机组制造企业只需选择与叶片匹配的变桨距轴承，随之确定变桨距轴承齿圈的齿数。驱动小齿轮齿数取决于齿轮副的安装尺寸和变桨距驱动装置的总减速比，同时其最小齿数受到变桨距轴承齿圈齿数和变位情况的限制。表 3-3 给出了正常齿形小齿轮的最小齿数推荐值。

表 3-3　驱动小齿轮最小齿数的推荐值

Z_2	[$+\infty \sim n$]	$(n-1) \sim 102$	101～46	45～27	26～17	16～13
$Z_{1\min}$	18	17	16	15	14	13

注：1. Z_2 为变桨轴承齿圈齿数。
2. $Z_{1\min}$ 为小齿轮最小齿数。

由于绝大多数变桨距轴承齿圈的齿数很大，则驱动小齿轮的齿数不能小于推荐值 17，具体取值要视具体的安装尺寸和传动比分配方案而定。由变桨距轴承内圈齿数和驱动小齿轮的齿数可得出齿轮副传动比 i_G 为

$$i_G = \frac{Z_2}{Z_1} \tag{3-38}$$

式中　Z_2——变桨距轴承齿圈齿数；

　　Z_1——驱动小齿轮齿数。

根据变桨距驱动电机额定功率 P_M、齿轮副传动比 i_G 和最大变桨距速率 ω_C，并假定变桨距减速机效率 η_M（通常不小于 98%）情况下，可求出驱动小齿轮所需的最大驱动力矩 M_1 为

$$M_1 = \frac{P_M \eta_M}{i_G \omega_C} \tag{3-39}$$

根据驱动小齿轮所需的最大驱动力矩 M_1，可以校核小齿轮的静强度和疲劳强度，并可作为驱动小齿轮齿轮轴的设计依据。尤其要指出的是，驱动小齿轮齿轮轴为单边支撑的悬臂结构，必须保证其刚度。

3. 减速机选型

减速机将变桨距驱动伺服电机输出的高转速、低转矩转换为变桨距驱动所需的高转矩和低转速。减速机选型主要关注减速机参数和安装结构两方面内容。减速机的主要参数包

括额定功率和传动比。在伺服电机额定转速 ω_M、最大变桨距转速 ω_C 和齿轮副传动比 i_G 已知的条件下，减速机传动比 i_D 的估算为

$$i_D=\frac{\omega_M}{i_G\omega_C} \tag{3-40}$$

而减速机的额定功率不小于变桨距驱动伺服电机的额定功率 P_M。

此外，在减速机选型时，还应考虑减速机与轮毂的安装结构，包括安装法兰的螺栓规格、螺栓数量以及传动结构。通常为了获得较大的减速比、较强的承载能力，并节省安装空间，工程上通常选用行星减速机，减速比通常大于100。

减速机选型完成后，计算变桨距装置的各部件所受载荷情况，并根据GL—2010标准要求校核齿轮、轴及连接件等的静强度和疲劳强度。

3.3.4.2 液压变桨距机构设计

液压变桨距又称为电液伺服变桨距。它将液压泵作为动力源、液压油为介质、伺服阀/比例阀为控制元件，由推杆和连杆组成的机构将液压缸活塞杆的径向运动转变为叶片圆周运动，实现叶片变桨距。由于叶片不断旋转，需要通过旋转接头将机舱内液压站输出的、压力高达20MPa的液压油管路引入轮毂。液压变桨距装置的结构和布局如图3-23所示。

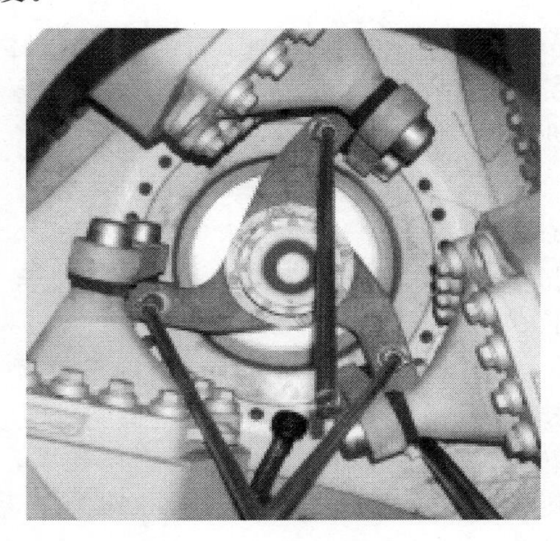

图3-23 液压变桨距驱动装置与旋转接头

当采用同一液压缸作为驱动元件时，变桨距机构可设计为偏心曲柄连杆机构，工作原理如图3-24所示。

该机构用于同步变桨距系统，液压缸活塞杆与同步盘连接，同步盘与三组偏心曲柄连杆机构相连，驱动三个叶片同步旋转。偏心曲柄连杆机构的曲柄 OB、连杆 AB、推杆 AC 等构件的尺寸根据轮毂、变桨距轴承及主轴等部件的结构和尺寸确定。但要保证连杆 AB 在推杆达到 A' 和 A'' 两个极限位置时，曲柄 OB 的最大行程角 ϕ 应大于90°。

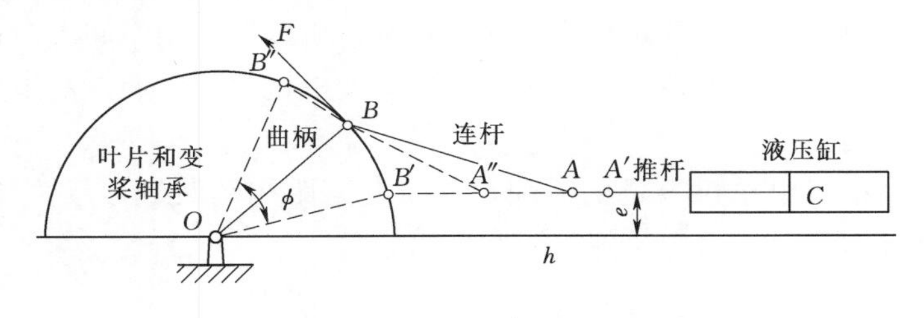

图3-24 偏心摇杆变桨距机构

OB—曲柄；AB—连杆；AC—活塞推杆

此外，液压变桨距机构也用于独立变桨距，变桨距机构被设计为曲柄摇块机构。三副叶片由各自的变桨距机构和液压缸驱动，实现独立变桨距。连杆 AB 在形成范围内，达到 A' 和 A'' 两个极限位置时，曲柄 OB 的最大行程角 ϕ 应大于90°。原理如图3-25所示。

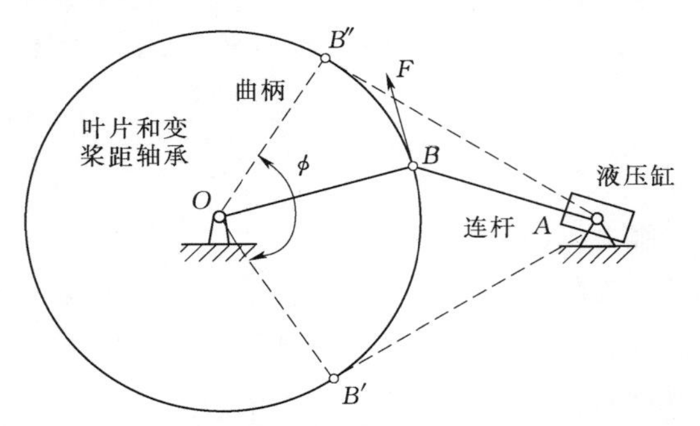

图 3－25　曲柄摇块液压变桨距机构原理图

叶片通过变桨距轴承在液压缸推/拉作用下，绕轴线在变桨距行程角范围内旋转。液压缸通过活动铰链固定在轮毂上，连杆受液压缸活塞推动，连杆的长度取决于液压缸的有效行程，而液压缸的有效行程和安装位置可通过变桨距行程角和变桨距轴承直径计算获得。

液压变桨距机构为空间机构，为了使多连杆－摇杆机构在复杂装配结构下保持正确传动和正常运行，连杆与曲柄、连杆与推力装置之间宜采用关节轴承。图 3－26 为关节轴承的结构，关节轴承对复杂空间机构具有一定的装配容差能力。

3.3.4.3　电动变桨距、液压变桨距对比分析

(a) 外观

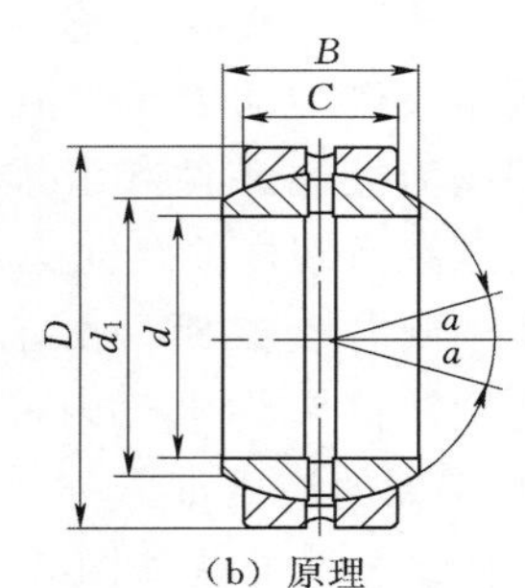

(b) 原理

图 3－26　关节轴承

二者对比，液压变桨距驱动装置具有单位体积小、重量轻、动态响应好、扭矩大并且无需变速机构、蓄能器寿命长、集中润滑少等优点。

但风轮在不断旋转，必须通过旋转接头将机舱内液压站输出的、压力高达 20MPa 的液压油，通过管路引入轮毂，因此制造工艺要求高，制造难度大，管路容易产生泄漏。风力发电机组经常会出现大面积油污，就是由液压系统及齿轮箱泄漏导致的。

此外，液压系统受到液压油黏温特性的影响，对环境温度要求高，安装于不同纬度地区的风力发电机组，液压系统需要配备不同的冷却或加热装置，以确保液压系统维持正常工作温度。目前只有少数风力发电机组制造企业采用液压变桨距驱动技术。

而电动变桨距驱动装置具有造价低廉、适用性广、结构简单、精度高、响应快、无泄漏、无污染、坚固耐用和便于维护的优点，但在低温情况下其蓄电池的储能量降低较快，蓄电池的反复充放对电池寿命影响较大，并且其减速机装置占用空间大，造成轮毂结构体积更大。电动变桨距驱动装置现已被绝大多数风力发电机组制造商广泛采用，成为风力发电机组变桨距技术的主流。

但随着风力发电机组单机容量的增加，液压变桨距驱动装置启动力矩的优点得到发挥，在超大容量风力发电机组中得到重视和应用。

3.4　轮　毂　设　计

3.4.1　轮毂设计概述

轮毂承受作用于叶片的推力、扭矩、弯矩、回转力矩等载荷，并将叶片所受的载荷传

递给主传动系统的机械结构，发挥结构连接和载荷传递两方面作用。

3.4.1.1 轮毂分类

轮毂结构包括刚性轮毂和柔性轮毂，如图 3-27 所示。刚性轮毂是轮毂本身设计成刚性结构，轮毂与主轴、叶片之间通过螺栓实现刚性连接，刚性连接结构避免了零件间的碰撞和干涉，具有制造成本低、维护少等优点，被大多数风力发电机组所采用。柔性轮毂是指主轴与轮毂、轮毂与叶片之间通过铰链连接，形成类似跷跷板式的连接结构。柔性轮毂的铰链轴与叶片轴、铰链轴与主轴彼此垂直，叶片可在多维度方向自由活动。柔性轮毂与刚性轮毂相比，制造成本高、可靠性低、维护费用高；且切变风或阵风作用下极容易造成叶片偏离风轮的设计旋转平面，造成其结构稳定性差。柔性轮毂主要用于小型和微型风力发电机组，在大中型风力发电机组中极少应用。

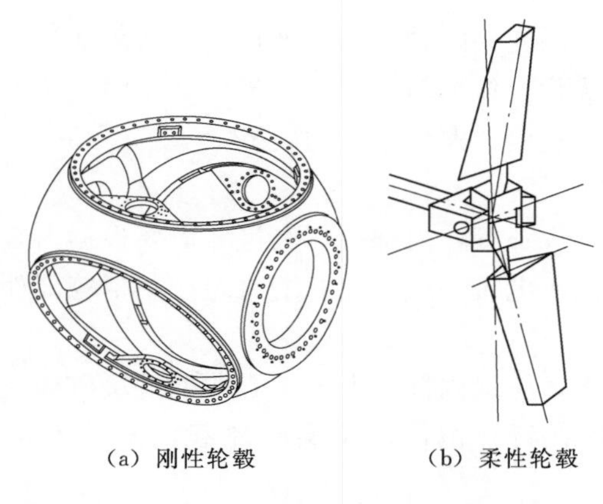

(a) 刚性轮毂 (b) 柔性轮毂

图 3-27 刚性轮毂和柔性轮毂结构示意图

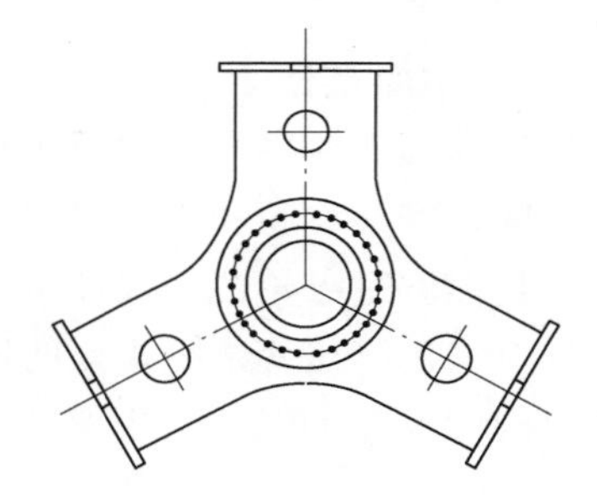

图 3-28 三角形轮毂

3.4.1.2 常用结构

刚性轮毂是主流的风力发电机组轮毂结构，最常用的是三叶片轮毂。三叶片轮毂包括两种典型结构，它们分别是球形轮毂和外形为三圆柱相贯的三角形轮毂（图 3-28）。球形轮毂［图 3-27（a）］的内腔空间大，可为变桨距驱动装置和电气设备提供充裕的布局空间，因此大中型风力发电机组主要采用此种类型轮毂；而三角形轮毂的内腔空间小，内部无法为变桨距驱动装置和电气设备提供充裕的安装空间，因此用于中小型风力发电机组。但随着风力发电机组装机容量不断增加，轮毂体积逐渐变大，三角形轮毂也可被用于一些超大型的风力发电机组。

3.4.1.3 材料和工艺

轮毂可以是铸造结构，也可以是焊接结构，主要取决于风力发电机组单机容量、生产批量以及结构性能三方面因素。单机容量大、生产批量大、结构性能要求高的大型风力发电机组，轮毂通常采用铸造结构；而单机容量小、生产批量少、结构性能要求不高的小型风力发电机组，轮毂可以采用焊接结构。铸造轮毂可以采用铸钢材料，也可采用高强度球墨铸铁材料。高强度球墨铸铁材料的机械性能接近于钢材，且成本较低，风力发电机组生产中较为常用。

3.4.2　轮毂结构设计

轮毂的主要功能包括连接主轴、连接叶片、固定电气设备及机械部件，为电气和机械部件提供容纳空间，结构中应包含以下结构要素。

3.4.2.1　参数设计

轮毂结构要以保证风力发电机组的气动、机械和控制性能为首要考虑的因素，因此要求叶片安装到轮毂上之后，风轮扫掠直径等于风力发电机组总体设计阶段所规划的风轮直径。

轮毂上叶片连接结构，按叶片数量在风轮周向等分360°，轴线与风轮旋转面成一定锥角，使叶片在旋转离心力作用下扫掠面面积最大化，并避免叶片与塔架之间出现干涉现象。

轮毂壁厚可依据变桨距轴承（例如，内齿圈变桨距轴承）的外环宽度初步估算，或参考以往设计经验，并根据结构校核结果进行优化。依据等强度和均匀设计原则，轮毂结构的各个部位壁厚应尽量保持一致并且以大圆角过渡，避免壁厚的突变。

3.4.2.2　空间设计

轮毂内部需要容纳变桨距驱动装置、电气设备等，内部结构和尺寸需要根据内容物的容纳空间、安装空间和维修空间确定，使变桨距电机、减速机、变桨距控制柜等部件及人员、工具能够进入轮毂，保证足够的施工空间。

针对采用液压变桨距机构的风力发电机组，轮毂内部应考虑偏心曲柄滑块机构或曲柄摇块机构的运动轨迹，保证液压变桨距机构在行程范围内不会与轮毂内其他部件发生干涉。

在满足上述空间要求和风轮扫掠面直径的基础上，可根据等强度设计原则适当减小轮毂的内腔容积，以降低轮毂的总重量、材料成本和加工成本。

3.4.2.3　连接设计

1. 叶片连接

轮毂与主轴、叶片连接，为变桨距机构、变桨距控制柜及传感器提供安装接口。轮毂与叶片的连接法兰及尺寸由叶片和变桨距轴承（例如，内齿圈变桨距轴承）的选型结果确定。连接法兰的内径应小于变桨距轴承外圈的内径，其外径不小于变桨距轴承外圈的外径。连接法兰周向均匀布置螺栓孔，数量和直径与变桨距轴承外圈上螺栓孔的数量和尺寸一致，结构设计成螺纹盲孔或光通孔。为了保证连接结构强度并便于拆装，叶片连接法兰通常被设计成凸台结构，凸台的高度与连接螺栓的规格直接相关。

2. 主轴连接

轮毂与主轴的连接结构和尺寸则根据连接螺栓的数量、规格、分布圆直径以及承载情况来确定。螺栓在轮毂重力载荷、风轮气动转矩、制动力矩以及预紧力作用下，内部形成拉应力和剪应力。许用剪应力 $[\tau]$ 比许用拉应力 $[\sigma]$ 小很多，$[\tau]=(0.6\sim0.8)[\sigma]$，可忽略翻转力矩所引起的拉应力。按螺栓组周向均布计算每个螺栓平均受重力和转矩引起的剪力

$$\frac{4K_S(T_{xmax}+rF_z)}{n\pi d^2 r}<[\tau] \tag{3-41}$$

式中 r——螺栓分布圆半径，m；

d——螺栓底径，m；

T_{xmax}——最大风轮转矩，N·m；

F_z——风轮重力载荷，N；

K_S——载荷安全系数；

$[\tau]$——许用剪应力，Pa；

n——螺栓数量。

确定螺栓数量 n 与其分布圆半径 r 中任意一个，则另外一个参数可通过式（3-41）求得。依据以上方法设计的轮毂与主轴连接结构，仅将连接结构视为简单的、无摩擦的平面法兰。工程上通常将法兰设计为止口，止口分担了部分载荷，且法兰面在螺栓预紧力作用下也会产生摩擦力。

3. 导流罩连接

导流罩是风力发电机组中重要的气动部件，用于改善流经风轮中心处的气流。为了导流罩安装方便，并为维修人员提供进出轮毂的通道，导流罩通常被划分为彼此独立的四片。导流罩结构及连接如图3-29所示。

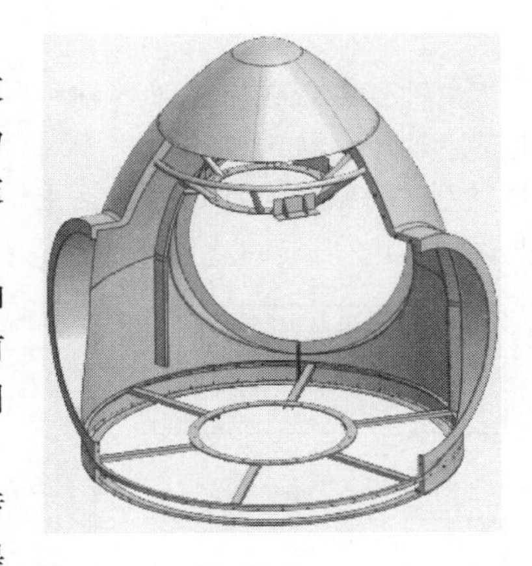

图3-29 导流罩结构及连接

轮毂上安装的前支架和后支架，分别与绕着风轮轴线周向均布的三片导流罩以螺栓连接，前支架连接着前端导流罩。为了保证导流罩的密封性和可靠性，三片周向均布的导流罩两两通过螺栓连接。

轮毂内安装有变桨距控制柜、计数触感器、限位传感器，并要为轮毂吊装及小型设备、安装工具的运送提供吊位、支座和连接结构，应为上述功能预留出足够的空间、位置和结构接口，但要最大限度减少钻孔次数，避免破坏轮毂结构的强度。

第 4 章　主轴子系统结构规划与设计

风力发电机组将捕获的风能以机械能形式传递给发电机，从风轮到发电机的机械传动装置被称为主传动系统，其中主轴子系统是主传动系统的关键，由主轴、轴承、支撑座等组成。主轴子系统决定了主传动系统结构和机舱布局。

4.1　主轴子系统结构设计

4.1.1　主轴子系统结构概述

主轴子系统包括主轴、轴承及支撑座。主轴将风轮的旋转机械能传递给齿轮箱或发电机。主轴子系统的结构取决于风力发电机组的种类、传动系统的布局型式以及机组性能要求。主轴子系统设计过程包括主轴子系统规划、主轴结构设计、主轴支撑结构设计等主要步骤，具体如图 4-1 所示。

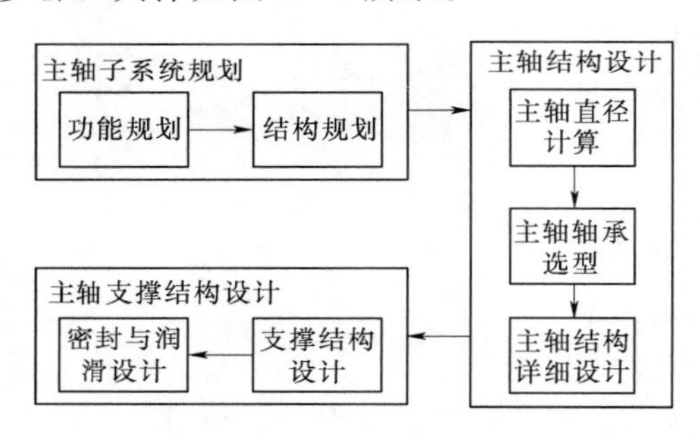

图 4-1　主轴子系统设计流程

主轴子系统规划是指根据风力发电机组的类型、传动系统布局型式和整机性能要求确定结构型式，重点考虑材料成本、安装工艺性、维修工艺性和结构可靠性，主要从功能、结构两方面进行规划。

功能规划主要分析主轴子系统承载情况，确定正确合理的载荷传递和支撑方案，在保证主轴结构可靠的同时，使载荷分布和传递路径合理。结构规划是在支撑方案基础上，初步设计主轴子系统的总体结构，为结构详细设计和参数计算奠定基础。

主轴结构设计要根据主轴子系统所受载荷和结构功能，确定各轴段、轮毂连接法兰的结构和参数，同时设计各轴段之间的过渡结构等。

主轴支撑结构设计是根据主轴子系统的类型、主轴的结构以及主轴承的数量、型号和种类，确定主轴及主轴承的具体支撑方案，设计轴承座的结构和主轴承的密封与润滑方案，设计主轴子系统与支撑系统的连接结构。

4.1.2　主轴系统结构方案规划

根据风力发电机组的结构布局方案、主轴子系统承载分布以及既往的设计经验，将主轴子系统规划为双轴承支撑主轴系统、单轴承支撑主轴系统以及集成结构主轴系统三种不同的方案。

4.1.2.1 双轴承支撑主轴系统方案

双轴承支撑主轴系统是指主轴与其支撑结构之间采用刚性连接，主轴由两组轴承共同支撑，结构如图 4－2 所示。图示主轴系统由两个相互独立的轴承支撑，两轴承分别固定安装于机舱底盘，左侧轴承承受了主要的轴向载荷和径向载荷，右侧轴承承受部分径向载荷。两个轴承将大部分载荷传递给底盘和塔架，使主轴末端主要向齿轮箱或发电机传递工作转矩。

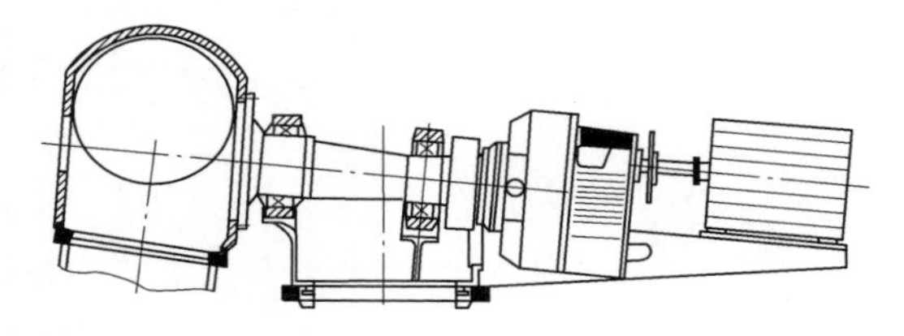

图 4－2 双轴承支撑主轴系统示例

双轴承支撑主轴系统采用了两组轴承，使主轴长度较长、主轴末端的径向位移较小，有利于齿轮箱的独立拆装，但对主轴与齿轮箱输入端的同轴度要求较高。双轴承支撑主轴系统主要用于大型风力发电机组。

4.1.2.2 单轴承支撑主轴系统方案

图 4－3 为单轴承支撑主轴系统，有别于双轴承支撑主轴系统，仅由单一调心滚子轴承提供支撑，形成一端铰支、一端自由的结构特点。为了支撑主轴的自由端，主轴的自由端与齿轮箱的输入端通过刚性联轴器连接，使得齿轮箱两侧的扭力臂弹性支撑与主轴轴承共同支撑主轴—齿轮箱系。轴承承受了主要的轴向力和部分径向力，齿轮箱承受风轮传递来的工作转矩，并为保持风轮—主轴系的平衡提供反作用力。这导致齿轮箱的载荷工况较为复杂，对齿轮箱结构性能要求较高。单轴承支撑主轴系统对主轴材料性能要求较高，一般采用高性能合金钢锻制毛坯材料。

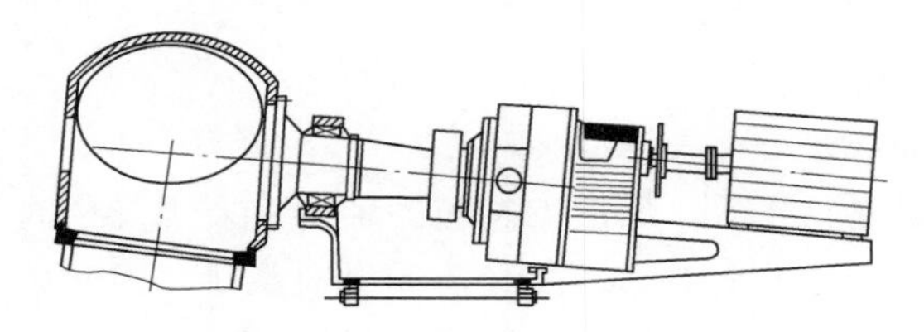

图 4－3 单轴承支撑主轴系统示例

单轴承支撑主轴系统的主轴较短，对主轴与齿轮箱输入端的同轴度要求不高，但齿轮箱的维修复杂、成本高，需要将主轴—风轮系一同拆下来。大部分风力发电机组都采用单轴承支撑主轴系统。

4.1.2.3 集成结构主轴系统方案

以上两种主轴系统均为独立主轴系统，导致机舱体积较大，机舱侧面所受的气动载荷和机组回转惯量较大。集成结构主轴系统是指将主轴与齿轮箱制成一体，使主轴做成齿轮箱的输入轴，仅留出主轴法兰与轮毂相连，如图 4－4 所示。

集成结构主轴系统与齿轮箱一体，使传动链大幅缩短、机舱更为紧凑，但风轮载荷全部传给了齿轮箱，对齿轮箱可靠性要求更高。集成结构主轴系统主要用于中小型风力发电机组。

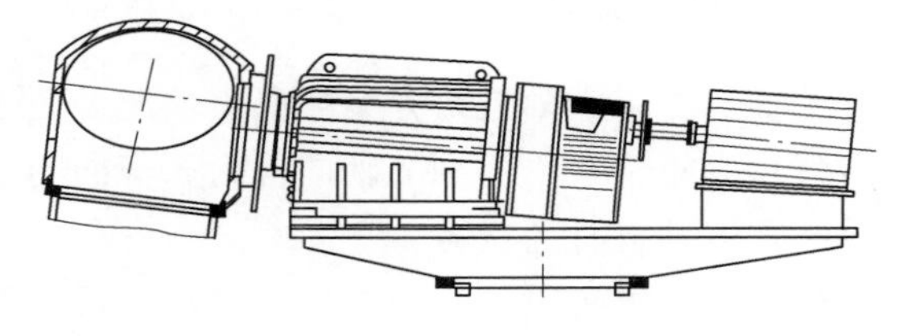

图 4－4 集成结构主轴系统示例

4.2　主轴结构规划与设计

对增速型风力发电机组而言，主轴安装于风轮和齿轮箱之间，前端通过螺栓与轮毂刚性连接，后端与齿轮箱的输入轴连接。主轴除了承受来自风轮的气动载荷、自重载荷、轴承和齿轮箱的反作用力外，还承受主传动系统的扭转振动和瞬变载荷。图 4－5 为风力发电机组主轴结构。

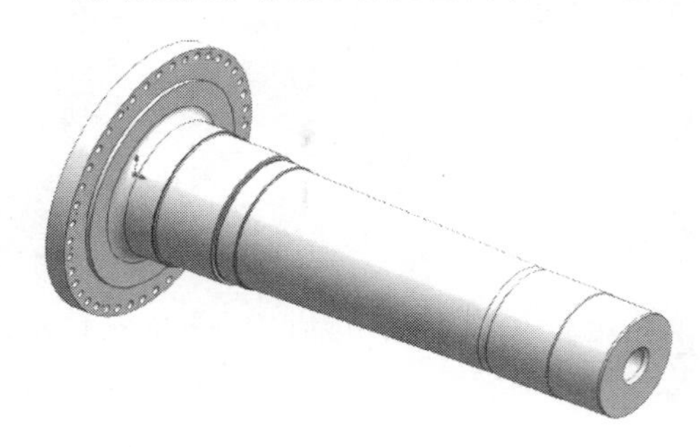

图 4－5　主轴结构图

4.2.1　主轴设计规划

4.2.1.1　载荷分析

主轴子系统方案的载荷分布包括：

（1）风轮传递的轴向推力、横向力、纵向力、倾覆力、驱动力矩和偏航力矩。

（2）主轴自身的重力。

（3）双轴承提供的径向支反力和轴向反作用力。

双轴承支撑固定主轴系统方案的载荷分布，如图 4－6 所示。

靠近风轮的轴承承担了主要的径向载荷和轴向载荷，靠近齿轮箱的轴承主要承受径向载荷，承受的轴向载荷极小。由于双轴承承担了几乎全部的轴向载荷和径向载荷，因此齿轮箱几乎只接收来自主轴的转矩，载荷工况更加简单，有利于保证其可靠性。

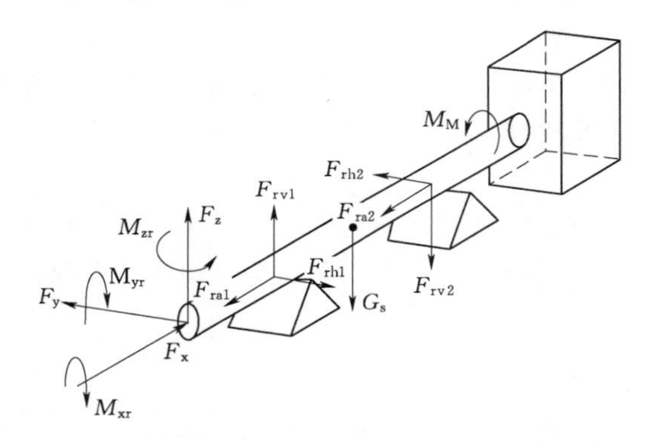

图 4－6　双轴承支撑主轴系统方案的载荷分布

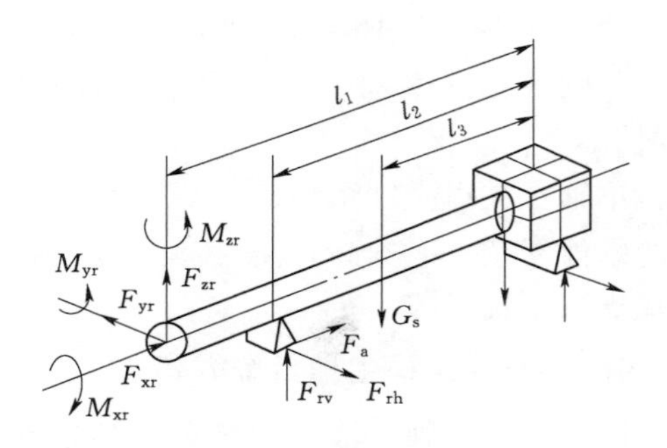

图 4－7　单轴承支撑主轴力学模型

单轴承支撑主轴系统方案的受力情况如图 4－7 所示，具体包括以下方面：

（1）风轮传递给主轴的轴向推力、横向力、纵向力、倾覆力、驱动力矩和偏航力矩。

（2）主轴自身的重力。

（3）单轴承提供的径向支反力和轴向反作用力。

（4）齿轮箱两端弹性支撑提供的纵向支反力。

单轴承承受了主要的径向载荷和轴向载荷，但单轴承为铰链支撑结构，使风轮传递给主轴的横向力和纵向力会部分传递给齿轮箱。齿轮箱两端的弹性支撑必须提供相当大的纵

向支反力和横向支反力，以保持风轮-主轴系-齿轮箱传动链的整体稳定。风轮传递给主轴的纵向力和横向力会传递给齿轮箱，会造成齿轮箱的载荷工况更为复杂，使结构可靠性设计难度加大。

为了使液压、电气的连接线路进入风轮，主轴一般设计成中空结构，内孔通常为阶梯形，以改善加工、装配的工艺性。

集成结构主轴系统方案可视为主轴超短的铰链支撑主轴系统，载荷分布情况与其类似，但传动链前后长度更短，使其载荷分布更加集中，要求主轴和齿轮箱整体结构刚度更大。

4.2.1.2 主轴结构规划

主轴的基本结构应包括风轮连接结构、主轴承连接结构、齿轮箱或发电机的连接结构。根据载荷分布与传递路径优化、机舱整体布局、部件吊装和维修的需要，考虑不同的主轴支撑形式，将主轴规划为不同结构。

图 4-8 所示为典型的主轴结构，包含法兰、轴肩、轴颈、轴段、通孔、卸载槽等典型要素。主轴上各种结构要素的功能和设计目的如下：

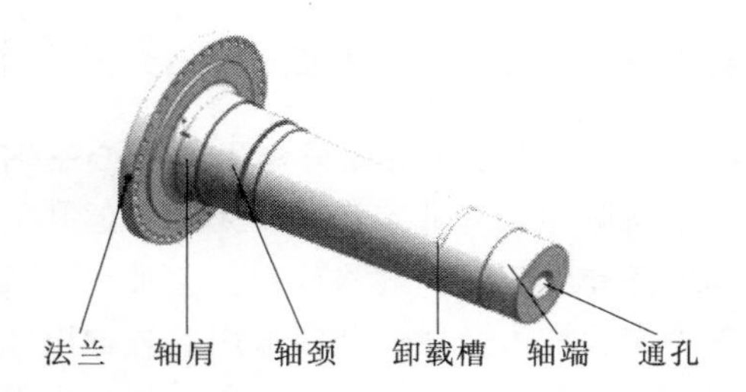

图 4-8 主轴结构图

(1) 主轴法兰。主轴法兰位于主轴的一端，是连接轮毂的结构，由法兰盘及周向均布的若干螺栓孔构成。法兰盘可以设计为圆形平端面的摩擦型法兰，也可设计成带有止口结构的承载型法兰。螺栓孔主要根据承载需要来确定其数量、孔径及分布圆直径，计算方法参照轮毂结构。

(2) 主轴轴端。主轴轴端位于主轴的另一端，与发电机或齿轮箱之间通过联轴器连接。轴端的直径和长度取决于联轴器的接口尺寸，公差按基孔制设计，粗糙度推荐值为 Ra2.5～0.63μm。此外，轴端是主轴中直径最小的结构，其直径可根据第三强度理论估算，并考虑材料、载荷和实效影响的安全系数。

(3) 轴承轴颈。轴承安装于法兰与轴端之间的轴颈处，轴颈位置取决于主轴上具体的载荷分布与传递路径要求。对单轴承支撑而言，轴承轴颈应尽量靠近法兰，以减少风轮翻转力矩对主轴产生过大的弯矩影响，提高主轴刚度。对双轴承支撑而言，前轴承应尽量靠近法兰，后轴承与前轴承保持适当的中心跨距，保证主轴自身刚度以及与发电机/齿轮箱的同轴度。

(4) 卸载槽。刚性支撑和连接处极容易造成主轴结构的应力集中，可在相应的支撑和连接位置增加卸载槽。卸载槽通常被设计为弧形沟槽。

(5) 通孔。主轴除了传动风轮转矩外，还要将电能、控制信号及液压驱动力传递到轮毂，因此主轴要设计成中空结构。主轴通孔内安装集电环、液压推杆等装置。

(6) 轴段。主轴轴段取决于主轴的连接结构、支撑结构的数量和尺寸。从法兰到轴端的各轴段直径依次减小，各轴段的直径应满足结构强度和装配工艺要求；各轴段的长度根据轴承、联轴器的宽度以及主轴刚度来确定。

4.2.1.3 主轴工艺规划

主轴所采用的制造工艺取决于性能要求和所选材料。主轴可采用多种材料，合金钢是较常用的。部分在成本、振动方面有特殊要求的主轴，也采用铸铁等其他材料。无论何种材料，但必须保证主轴具有足够的强度、刚度和抗疲劳、耐腐蚀、耐低温性能。

合金钢主轴主要采用 40Cr、42CrMnTi、34CrNiMo6 等金属材料，用锻造方式制造毛坯。合金钢主轴有良好的抗拉性能，但对表面微小的局部结构突变、结构缺陷和材料缺陷敏感，易引起应力集中，因此要严格保证重要表面的价格质量和精度，并要对内部材料进行探伤和检验。

铸铁主轴材料大多为 QT400 等高性能球墨铸铁，结构力学性能与钢材相近，但价格低于钢材。铸铁材料的抗拉强度和抗弯强度略低于合金钢，同等载荷作用下铸铁主轴的直径和安全系数应偏大。铸铁材料的抗拉和抗疲劳性能低于合金钢材料，铸铁主轴主要采用双轴承支撑结构，以确保主轴的结构刚度、抗疲劳强度和抗弯强度。铸铁主轴在粗加工后，应进行超声或磁粉探伤，以确保内部没有砂眼、气孔等典型缺陷。

4.2.2　主轴直径估算

4.2.2.1　考虑复杂载荷作用的空心主轴最小直径估算

实际主轴并非实心轴，是带有通孔的空心轴，通孔内安装了集电环和液压元件。孔径由集电环和液压元件规格确定。主轴承受载荷情况十分复杂，除了传递转矩外，还受到风轮的重力矩、推力及惯性载荷作用。主轴设计应考虑轴向转矩和风轮重力、偏航力矩及其共同作用，复合载荷在主轴上形成弯扭复合应力，强度可按第三强度理论计算，即

$$\sigma_c = \sqrt{\sigma_b^2 + 4\tau^2} \leqslant [\sigma_b] \tag{4-1}$$

式中　σ_c——合成应力，Pa；

σ_b——危险截面上的弯曲应力，Pa；

τ——扭剪应力，Pa；

$[\sigma_b]$——许用弯曲应力，Pa。

以单轴承三点支撑主轴为例，最大弯矩 M 形成于主轴前端轴承处，即

$$\sigma_c = \sqrt{\left(\frac{M}{W}\right)^2 + 4\left(\frac{M_{xr}}{W_T}\right)^2} \tag{4-2}$$

$$W = \frac{\pi d^3}{32} \approx 0.1d^3$$

$$W_T = \frac{\pi d^3}{16} = 2W$$

$$M = M_r + G_w l_1$$

$$M_{xr} = 9.55 \times 10^6 \ \frac{P}{n}$$

式中　W——抗弯截面系数；

d——主轴的最小截面直径，m；

W_T——抗扭截面系数；

M——前主轴承处主轴所承受的弯矩，N·m；

l_1——风轮重心到轴计算截面距离，m；

M_{xr}——名义轴向转矩，N·m；

P——传递功率，W；

n——主轴转速，r/min。

最大应力应小于许用应力 $[\sigma_b]$，即

$$\sigma_c=\frac{\sqrt{M^2+M_{xr}^2}}{W}\leqslant[\sigma_b] \tag{4-3}$$

由于弯矩 M 作用产生的正应力为对称循环应力，转矩 M_{xr} 作用产生的剪应力为脉动循环应力，则将式（4-3）修正为

$$\sigma_c=\frac{\sqrt{M^2+(0.6M_{xr})^2}}{W}\leqslant[\sigma_{-1b}] \tag{4-4}$$

式中　$[\sigma_{-1b}]$——对称循环变应力下的许用弯曲应力。

考虑主轴为空心结构，则式（4-4）可改写为

$$\sigma_c=\frac{\sqrt{M^2+(0.6M_{xr})^2}}{0.1(1-\beta_1^4)d^3}\leqslant[\sigma_{-1b}] \tag{4-5}$$

式中　β_1——空心主轴的内、外径之比，$\beta_1=d_1/d$。

在已知主轴内孔直径、材料许用应力以及所受外载荷情况下，主轴的最小直径可通过式（4-5）估算。主轴内孔直径由安装于主轴内孔的滑环决定，滑环有专门的生产厂商，滑环外形结构如图 4-9 所示。

图 4-9　滑环外形结构图

同时应考虑载荷不确定性、材料缺陷以及主轴失效对其他风力发电机组部件的影响，估算过程中增加一定的安全系数。

4.2.2.2　主轴上各轴段尺寸的确定

主轴由若干轴段构成，最重要的轴段是轴端和轴颈，轴端截面直径决定了主轴整体结构和尺度。轴端位于主轴结构的末端，是直径最小的轴段。轴端直径 d_c 不能简单参照主轴最小直径的估算结果 d，而要考虑齿轮箱或发电机的连轴结构和规格尺寸。如图 4-10 所示，主轴轴端将通过联轴器与齿轮箱输入端连接，因此轴端直径应以主轴最小直径预估值为基础，充分考虑材料安全系数、载荷安全系数和失效影响安全系数，根据齿轮箱输入端联轴器的标准尺寸系列进行筛选。

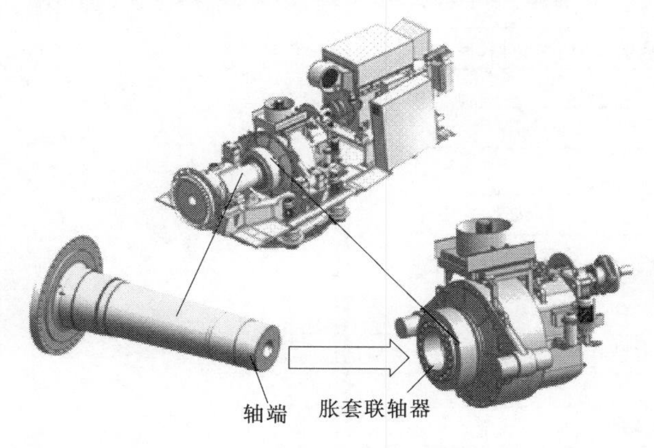

图 4-10　主轴轴端与齿轮箱输入端装配关系

轴颈位于主轴上的轴承安装位，直径取决于主轴最小直径的估算结果，并根据轴承选型结果来最终确定。轴

颈与轴承之间为过盈配合，要求轴颈直径与主轴内圈内径的基本尺寸相同，公差按照基孔制设计。

在轴端、轴颈直径确定后，主轴上其他轴段的直径可根据轴端、轴颈的直径，并充分考虑主轴的强度、布局以及装配要求进行计算。

4.2.3　主轴法兰设计和估算

主轴法兰是主轴与轮毂连接的盘形结构，其周向均布一定数量通孔，用以穿过和固定轮毂连接螺栓。主轴法兰主要设计带有止口的法兰结构，如图4-11所示。

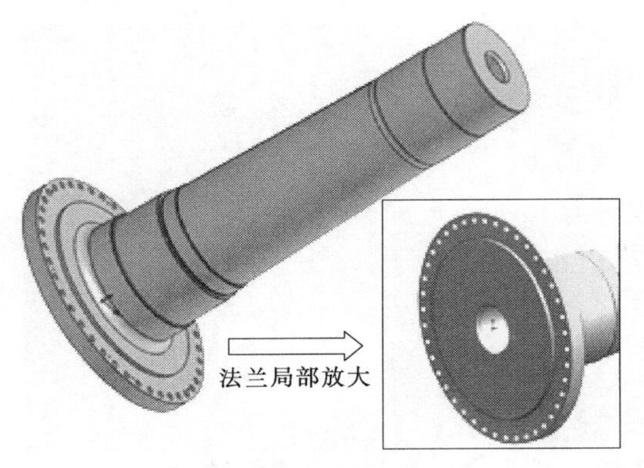

图4-11　主轴法兰局部结构放大图

主轴法兰设计成带止口结构的原因有：①如果仅依靠主轴法兰与轮毂法兰的黏性摩擦和连接螺栓的抗剪能力，无法承受过大的风轮气动转矩和风轮重力；②止口提供的支反力可辅助支撑风轮重力；③止口法兰使风轮吊装过程便于安装定位。

主轴法兰上通孔的数量、直径和分布圆直径的计算方法与轮毂法兰的计算方法相同，均要按照连接螺栓的抗拉和抗剪情况来计算和校核。

4.3　主轴承设计与选型

4.3.1　主轴承选型流程

主轴承是主轴支撑部件，将主轴所受到的轴向和径向载荷传递给主机架。主轴承根据主轴的支撑型式、整机结构、载荷工况以及基本尺寸进行选配，并参照《滚动轴承　风力发电机轴承》（JB/T 10705—2007）标准。主轴承尺寸选择和校核流程如图4-12所示。

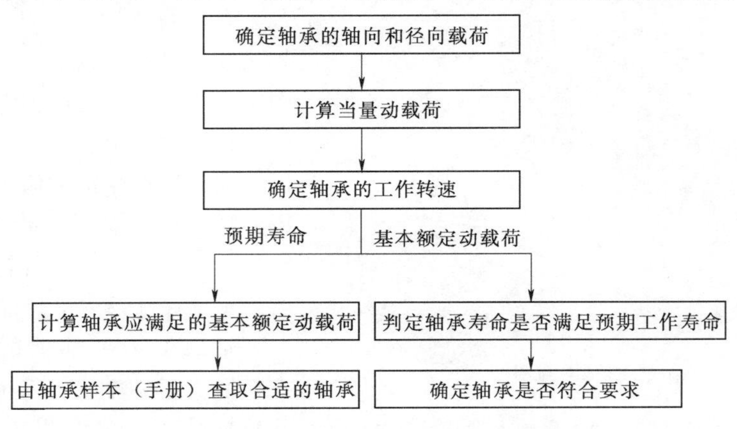

图4-12　主轴承尺寸选择和校核流程

4.3.2 轴承选型方案

风电主轴主要采用圆柱滚子轴承、调心滚子轴承、深沟球轴承等种类轴承，具体如图 4－13～图 4－15 所示。其中，双轴承支撑的固定主轴采用圆柱滚子轴承，或者与调心滚子轴承配合使用；三点支撑的主轴则采用调心滚子轴承；一些紧凑型风力发电机组还经常采用推力轴承。

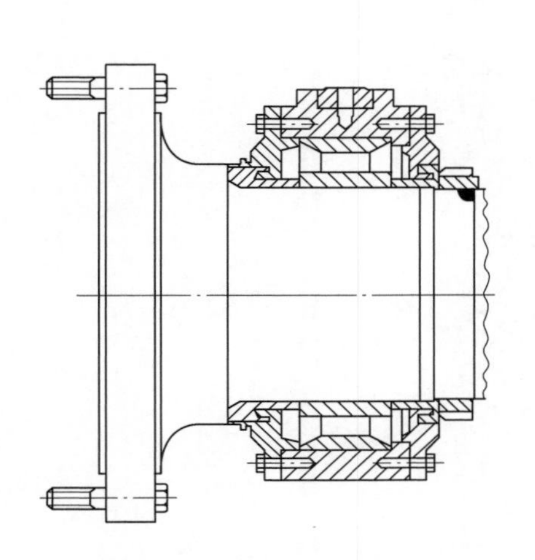

图 4－13 圆柱滚子轴承应用

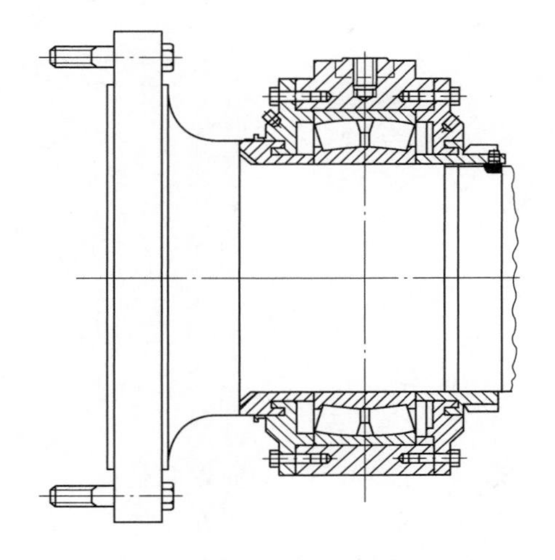

图 4－14 调心滚子轴承应用

4.3.3 主轴承载荷分析

不同的主轴支撑方式，轴承承受载荷情况有所区别。因此，单轴承支撑主轴和双轴承支撑主轴的轴承载荷的受力分析如下：

（1）单轴承支撑主轴的轴承受力分析（图 4－7）。主轴前端以调心滚子轴承固定于底盘（主机架），尾端由齿轮箱行星架支撑，形成一端固定、一端铰链支撑的梁结构，其承受载荷为

轴向力： $$F_a = F_{xr} \tag{4-6}$$

径向力： $$F_r = \sqrt{F_{rv}^2 + F_{rh}^2} \tag{4-7}$$

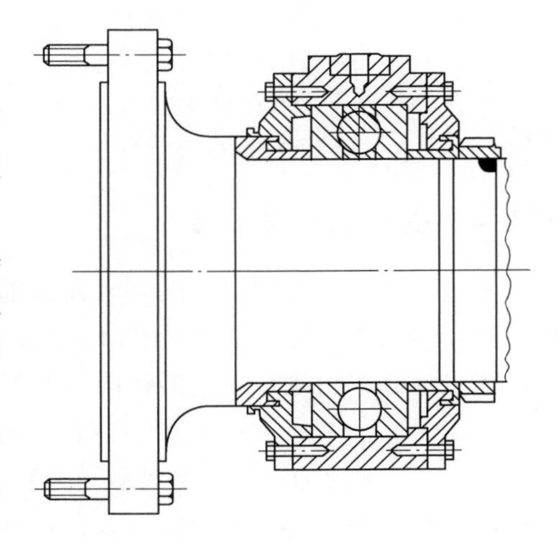

图 4－15 推力轴承的应用

其中，水平方向径向力 F_{rh} 与竖直方向径向力 F_{rv} 分别为

$$F_{rv} = \frac{M_{yr} - G_s l_3 + F_{zr}(l_1 + l_2)}{l_2} \tag{4-8}$$

$$F_{rh} = \frac{M_{zh} - F_{yr}(l_1 + l_2)}{l_2} \tag{4-9}$$

（2）双轴承支撑主轴的轴承受力分析。忽略轴承宽度，将主轴简化为杆件，主轴支撑型式及轴承位置关系如图 4－16 所示。A、B、C 三点分别为轮毂中心、前轴承及后轴承。

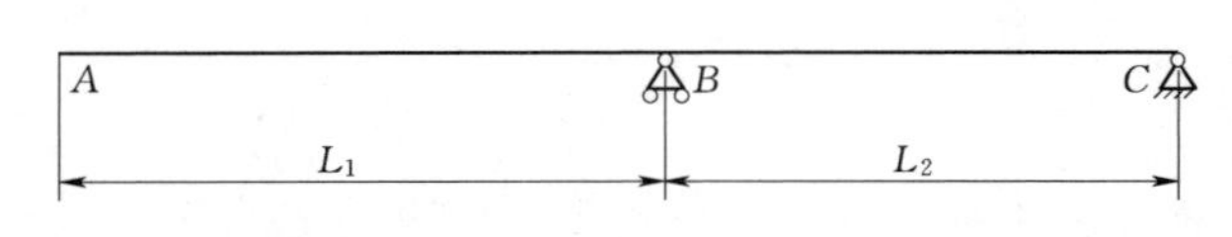

图 4-16　主轴支撑简图

轮毂中心与前轴承的距离为 L_1，轴承间距为 L_2。

根据力平衡方程，将轮毂载荷 M_z、M_y、F_y 和 F_z 转化为轴承的径向和轴向载荷，即

$$F_{y_1}=\frac{M_z-F_y(L_1+L_2)}{L_2} \tag{4-10}$$

$$F_{z_1}=\frac{F_z(L_1+L_2)-M_y}{L_2} \tag{4-11}$$

$$F_{y_2}=\frac{F_yL_1-M_z}{L_2} \tag{4-12}$$

$$F_{z_2}=\frac{M_y+F_zL_1}{L_2} \tag{4-13}$$

$$F_{r_1}=\sqrt{F_{z_1}^2+F_{y_1}^2} \tag{4-14}$$

$$F_{r_2}=\sqrt{F_{z_2}^2+F_{y_2}^2} \tag{4-15}$$

$$F_{a_2}=F_x \tag{4-16}$$

式中　F_{y_1}——前轴承沿 y 轴方向径向力，N；

F_{z_1}——前轴承沿 z 轴方向径向力，N；

F_{y_2}——后轴承沿 y 轴方向径向力，N；

F_{z_2}——后轴承沿 z 轴方向径向力，N；

F_{r_1}——前轴承径向力，N；

F_{r_2}——后轴承径向力，N；

F_{a_2}——后轴承轴向力，N。

4.3.4　主轴承寿命计算

精度、材料、尺度、工况等因素对轴承寿命均有不同程度影响，其中轴承 90% 可靠度下额定寿命 L_{h10} 为轴承额定寿命计算的主要依据。额定寿命 L_{h10} 以当量动载荷为计算依据，当量动载荷由轴承所受的径向载荷 F_r 和轴向载荷 F_a 复合而成，即

$$P_d=f_p(XF_r+YF_a) \tag{4-17}$$

X、Y 分别为轴承的径向动载荷系数与轴向动载荷系数，由查表获得。风力发电机组的振动、冲击造成轴承所受实际载荷比计算值大，引入载荷系数 f_p，可作为当量动载荷计算公式中的修正系数。

此外，风力发电机组工况的时变性，造成载荷和转速随之时刻变化，可引入平均当量动载荷 P_m，用以代替当量动载荷。平均当量动载荷根据疲劳线性累积损伤原理，利用载荷谱统计获得。若载荷谱可实测获得，则平均当量动载荷 P_m 可取 2/3 倍的额定载荷，或者计算为

$$P_m=\left(\frac{1}{N}\int_L P_d^{\varepsilon}\mathrm{d}N\right)^{\frac{1}{\varepsilon}} \tag{4-18}$$

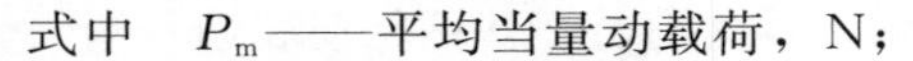

式中 P_m——平均当量动载荷，N；

N——总循环次数；

L——载荷周期，s；

P_d——作用于轴承上的当量动载荷，N。

式（4-18）可通过离散处理，将不同转速、时段下的当量动载荷依次代入，从而获得最终的平均当量动载荷。

轴承还受到润滑、温度、清洁度等因素影响，依据常规的轴承寿命计算公式得到的轴承寿命不能满足轴承可靠度要求，需要对常规轴承寿命计算公式进行修正，即

$$L_{na}=a_1a_2a_3L_{10} \tag{4-19}$$

式中 L_{na}——修正后的额定寿命；

a_1——可靠性寿命修正系数，可靠度 90%是为 1。若可靠度大于 90%，则 a_1 逐渐减小（取值为 1～0.21），具体数值可参考《机械设计手册》（化学工业出版社，2008 年）；

a_2——特殊材料及特殊轴承性能的寿命修正系数。若采用高性能材料及其精细化热处理工艺，则 $a_2>1$；若轴承硬度降低或接触应力分布不均，则 $a_2<1$；具体数值可参考《机械设计手册》（化学工业出版社，2008 年）；

a_3——使用条件的寿命修正系数。若轴承润滑条件良好，滚道和滚子之间形成良好油膜，则 $a_3>1$，否则 $a_3<1$，具体数值可参考《机械设计手册》（化学工业出版社，2008 年）。

按 20 年额定寿命估算，双馈式机组高速端轴承额定寿命约为 30000h，半直驱机组高速端轴承额定寿命约为 40000h，不同类型机组的低速端主轴承额定寿命约为 100000h。

此外，轴承的实际工况及载荷情况差异较大，因此具体采用何种轴承、轴承寿命还要根据实际情况进行选择和计算。

4.3.5 主轴承的润滑与密封

轴承属于高速、承载的机械零件，运行过程中因滚动体与轴瓦之间的摩擦，造成轴承磨损和破坏。主轴承润滑的目标是在轴承的滚动体与轴瓦之间建立油膜，将原本直接接触的滚动体和轴瓦隔离开来，降低磨损、延缓轴承疲劳破坏。此外，主轴承的润滑也有抑制机械噪声和腐蚀、冷却及加强密封等功能。

4.3.5.1 润滑介质

润滑介质分为油润滑、脂润滑、固体润滑和其他润滑四大类。油润滑主要用于高速旋转装置，具有热稳定性好、散热性好、杂质过滤等优点，但油腔结构复杂、密封要求高。脂润滑用于工作温度不超过 115℃、圆周线速度不超过 4.5m/s 的中低速重载旋转装置，具有不易泄漏、维护保养方便、防尘防水等优点，但存在散热不佳等问题。固体润滑用于高温、低速、重载等特殊环境，但会造成较大噪声。

风力发电机组主轴承常用的润滑脂为矿物油或合成油，并添加了稠化剂及添加剂。以分散相形式存在的稠化剂，构成了润滑脂的基础油，将液体润滑油增稠成不流动的半固体或固体状态。稠化剂可分为皂基稠化剂、非皂基稠化剂和烃基稠化剂。

为了提高风力发电机组的环境友好性，推荐使用钙基稠化剂、锂基稠化剂和钠基稠化剂的润滑脂。采用锂基稠化剂的润滑脂具有防水、宽温润滑等特点；采用钠基稠化剂的润滑脂具有水溶性，适用于干燥的工作环境；采用钙基稠化剂的润滑脂难溶于水，适用于潮湿的工作环境。具体采用何种润滑脂，还要根据风电场环境特点，且不同油脂不能掺混。

不同润滑脂的用途如图 4－17 所示。

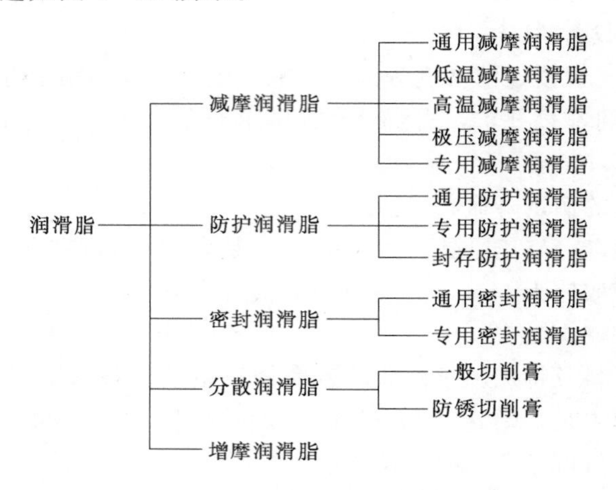

图 4－17　不同润滑脂的用途

4.3.5.2　密封结构

主轴承密封结构用于防止主轴承的润滑脂外溢和污染，防止异物进入滚动体轴瓦接触区域。轴承密封结构包括防尘盖密封结构、非接触式密封结构和轻接触式密封结构，如图 4－18 所示。

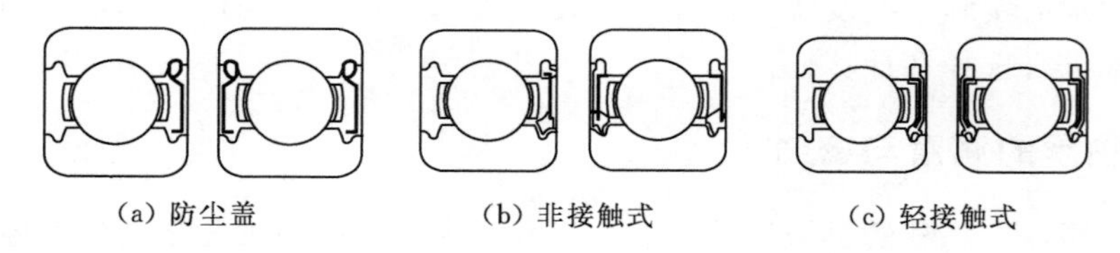

(a) 防尘盖　(b) 非接触式　(c) 轻接触式

图 4－18　轴承的密封结构

不同密封结构的特点：①防尘盖密封结构具有造价低、启动力矩低、高低温通用、密封间隙大、防尘性差等特点；②非接触式密封结构具有启动力矩稍大、发热量稍大、密封效果好、制造精度要求高、防水性差等特点；③轻接触式密封结构具有启动力矩低、发热量少、制造精度要求低、成本低、防尘效果好等特点。

轴承密封结构选用过程中应考虑密封良好、更换方便等原则，结合润滑脂的种类和特点，综合应用毡圈、皮碗、迷宫等密封元件或密封结构。为了保证密封效果，常采用轻接触式密封结构并做一定防尘处理。

第 5 章　增速齿轮箱结构规划与设计

齿轮箱是增速型风力发电机组的关键部件。齿轮箱将风轮输出转速提高，以适应发电机转子转速要求。齿轮箱主要采用齿轮传动，包括箱体、轮系、润滑装置、冷却装置、加热装置、传感装置等零部件。

5.1　齿轮箱设计概述

风电齿轮箱与其他工业齿轮箱相比，安装于距地近百米高的狭小机舱内，且承受了更大的瞬变、冲击等复杂载荷作用，对齿轮箱性能提出了更高的要求。

5.1.1　齿轮箱的设计目标

风力发电机组中，齿轮箱的设计目标有以下方面：

(1) 传动平稳。齿轮箱受到的风载荷及环境因素呈不确定瞬变特性，受冲击、振动情况较为严重。为了减小冲击、振动及噪声，要求保证齿轮箱的制造精度和安装精度，确保齿轮箱传动平稳。

(2) 承载力高。大型风力发电机组的额定功率超过 1MW，风轮向传动系统传递了较大工作转矩和有害载荷。为了保证齿轮箱在设计寿命期内不会出现齿面断裂、点蚀及磨损失效，应适当提高箱体结构强度、轮齿强度和齿面耐磨性，通过齿轮均载、轮齿承载能力，提高轮齿强度、齿面耐磨性能。

(3) 性价比优。齿轮箱是风力发电机组中相对较为昂贵的部件，体积和重量既关系到整机的采购成本，同时也将影响其他部件的配套成本。为了提高齿轮箱的性价比，应在保证可靠性的前提下，尽量降低制造成本，主要包括减轻箱体重量、降低加工和装配成本。

(4) 热稳定性好。风电齿轮箱工作于野外环境，气温对其机械结构的性能有很大影响。通常要求其构件材料具有低温状态下的抗冷脆性；并保证齿轮箱在外界温度较高时，具有较好的热稳定性，油温应稳定于正常的工作范围。尤其是冬夏温差巨大的风电场，齿轮箱应配置合适的加热和冷却装置。

此外，为了降低齿轮箱的安装和维护成本，在相同功率、传动比条件下，要求齿轮箱具有更加紧凑的箱体结构。风电齿轮箱结构如图 5－1 所示。

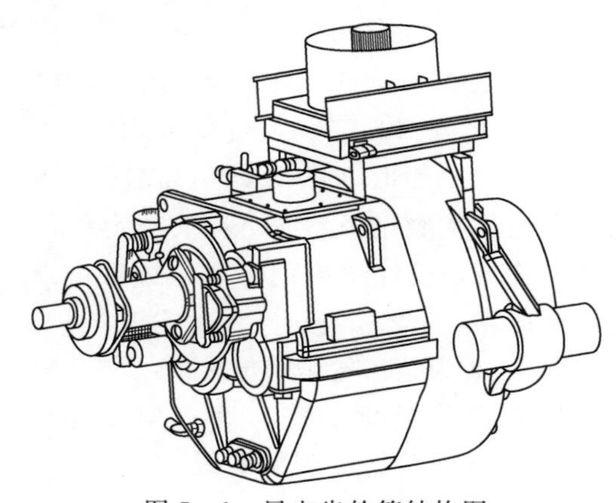

图 5－1　风电齿轮箱结构图

5.1.2　齿轮箱的设计条件

齿轮箱设计之初，首先给定一般性的设计已知条件，再由设计条件逐步展开设计工作。设计条件可分为工作条件和载荷条件。

5.1.2.1　工作条件

齿轮箱的工作条件主要包括安装高度、生存温度、工作温度、使用寿命、风况条件、特殊气候环境以及额定功率、传动比、机舱布局等。

通常，齿轮箱安装于 50～100m 高空，承受随机瞬变风载作用，冲击载荷通常为额定载荷的 3～4 倍。

齿轮箱要满足较严酷的生存环境温度和工作环境温度。常规齿轮箱的生存环境温度为 −10～40℃；个别极端环境下，要求齿轮箱的生存环境温度达到 −40～50℃。

此外，齿轮箱在荒漠戈壁多风沙、近海环境多盐雾、夏季有台风等环境下也应保证正常工作状态。

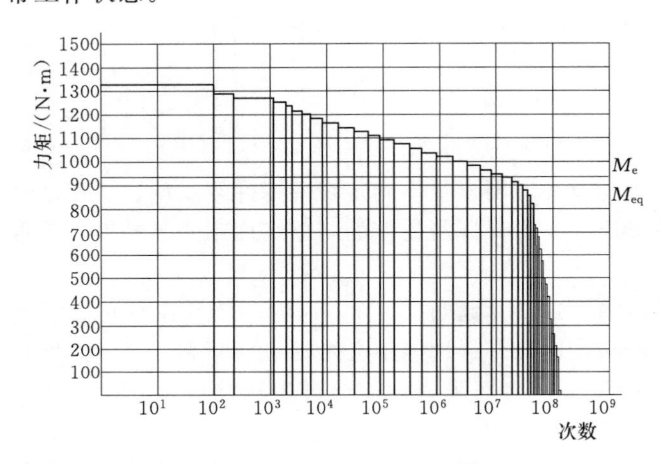

图 5-2　某型号风力发电机组的齿轮箱载荷谱

5.1.2.2　载荷条件

载荷是齿轮强度、轴承寿命的计算依据。齿轮箱的载荷特点：①动载荷大，要求结构强度较同功率减速传动高 10%～15%；②受风速瞬变特性影响，工作载荷不稳、传动冲击大；③控制工况和故障工况状态下，工作载荷变化较为剧烈。

齿轮载荷以载荷谱为准，但需要经过实测。若无实测载荷谱，可以风电传动特点为基础，按照机组的额定功率和使用系数估算。若给定载荷谱，可将等效载荷作为计算依据。图 5-2 为某型号风力发电机组的齿轮箱载荷谱。

以图 5-2 所示齿轮箱载荷谱为例，图中 M_{eq}为等效载荷，M_e 为额定载荷，等效载荷 M_{eq}根据 AGMA6006 标准推荐方法计算。由图 5-2 可知，高于额定载荷 M_e 的工作时间占约总工作时间的 7.8%，循环次数约占总循环次数的 9.3%。若按额定载荷设计齿轮箱，设计结果偏保守，故可按当量载荷计算。

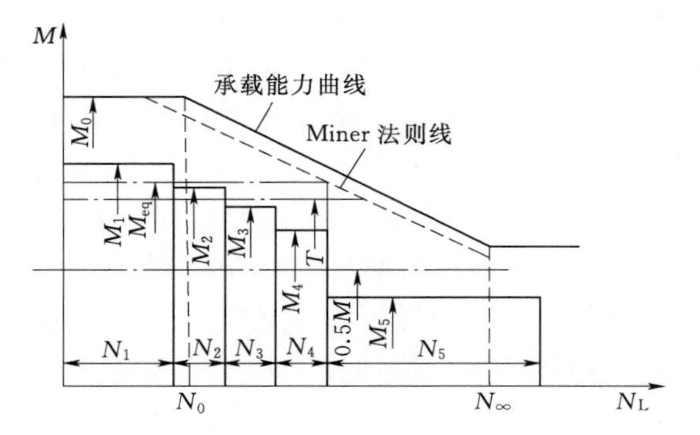

图 5-3　承载能力曲线与载荷图谱

图 5-3 为某齿轮承载能力曲线与其整个工作寿命的载荷图谱，图中 M_1、M_2、M_3…为经整理后的实测的各级载荷，N_1、N_2、N_3…为与 M_1、M_2、M_3…相对应的

应力循环次数。小于名义载荷 M 的 50%的载荷（图 5-3 中 M_5），对齿轮疲劳损伤不起作用，可以不计。则当量循环次数 N_{Leq} 为

$$N_{Leq}=N_1+N_2+N_3+N_4 \tag{5-1}$$

式中　N_i——第 i 级载荷应力循环次数。

当量载荷为

$$T_{eq}=\frac{N_1M_1^p+N_2M_2^p+N_3M_3^p+N_4M_4^p}{N_{Leq}} \tag{5-2}$$

$$p=\frac{\lg\left(\frac{N_\infty}{N_0}\right)}{\lg\left(\frac{M_0}{M_\infty}\right)} \tag{5-3}$$

式中　p——材料的试验指数。

常用齿轮材料的特性数 N_0、N_∞ 及 p 值列于表 5-1。

表 5-1　常用齿轮材料的特性数 N_0、N_∞ 及 p 值

计算方法	齿轮材料	N_0	N_∞	p
接触强度	调质钢，球墨铸铁，珠光体可锻铸铁，表面硬化钢	10^5	5×10^7	6.60
	调质钢，球墨铸铁，珠光体可锻铸铁，表面硬化钢（允许有一定量点蚀）	10^5	9×10^7	7.89
	调质钢或氮化钢经气体氮化，灰铸铁	10^5	2×10^6	5.70
	调质钢经液体氮化	10^5	2×10^6	15.70
弯曲强度	结构钢，调质钢，球墨铸铁	10^4	3×10^6	6.25
	渗碳淬火钢，表面淬火钢	10^3	3×10^6	8.70
	调质钢或氮化钢经气体氮化，灰铸铁	10^3	3×10^6	17.00
	调质钢经液体氮化	10^3	3×10^6	83.00

齿轮强度计算可采用国家标准《风力发电机组　齿轮箱》（GB/T 19073—2008）推荐的载荷安全系数和材料安全系数（表 5-2）。齿轮强度计算所采用的额定功率约为风力发电机额定功率的 1.1 倍，并结合实际情况和经验确定当量功率。通常，按照使用系数 $K_A=1.3$，接触强度的最小安全系数 $S_{Hlim}=1.3$，弯曲强度的最小安全系数 $S_{Flim}=1.7$，以此为基础计算得到的齿轮强度较为安全。此外，风力发电机组中的齿轮箱受外载荷、工况影响和制造误差的影响，因此还要考虑动载系数和齿向载荷分布系数等，详情可参考美国齿轮制造协会标准《风力发电机组齿轮箱设计标准》（AGMA 6006—A03）和《机械设计手册》（化学工业出版社，2008 年）。

表 5-2　GB/T 19703—2008 推荐的载荷和材料安全系数

变量表示	计算标准	《渐开线圆柱齿轮承载能力计算方法》（GB/T 3480—1997）
K_A	有实测载荷谱	1.0
	无实测载荷谱（三叶片）	1.3
S_{Hlim}	有实测载荷谱	≥1.2
	无实测载荷谱	≥1.3
S_{Flim}	有实测载荷谱	≥1.5
	无实测载荷谱	≥1.7

5.1.3　齿轮箱的设计步骤

风电齿轮箱的主要设计步骤如图 5-4 所示。

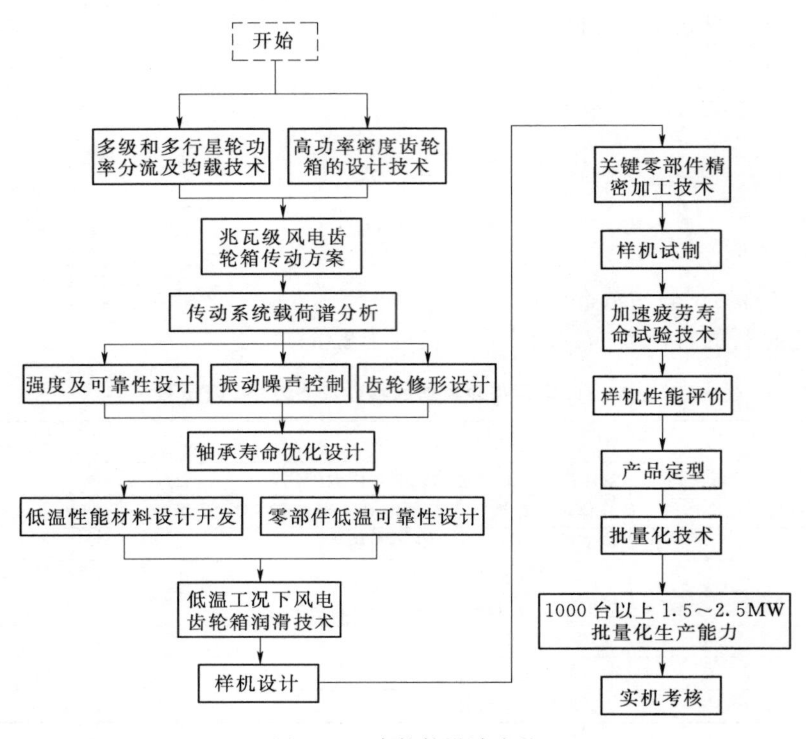

图 5-4　齿轮箱设计步骤

5.2　齿轮箱传动方案设计

根据风力发电机组的机舱布局及传动比要求，选择或设计齿轮箱的传动方法，即设计轮系结构，并为各级传动分配传动比。

轮系包括定轴轮系和行星轮系，定轴轮系中所有齿轮的轴线位置均固定；而行星轮系中至少存在一个行星齿轮，其轴线绕中心轮的轴线旋转。风电齿轮箱可采用定轴轮系、行星轮系，但最常用的是将定轴轮系与行星轮系组合使用。

5.2.1　典型轮系方案

齿轮箱常用二级行星轮系、二级行星一级定轴轮系、一级行星二级定轴轮系、三级定轴轮系等典型传动方案，如图 5-5～图 5-8 所示。

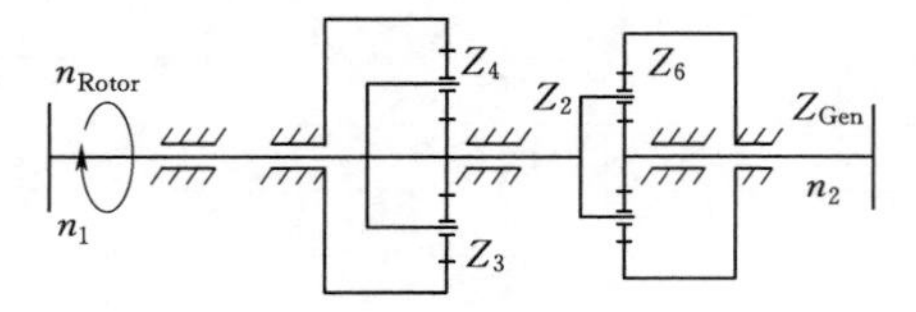

图 5-5　二级行星轮系

典型传动方案分多级定轴轮、三级组合轮和复合行星轮三种传动技术路线。具体如下：

(1) 多级定轴轮系方案。图 5-5 和图 5-8 所示的二级平行轴或三级平行轴传动方案。该类传动

方案技术路线体积大、增速比小，主要用于100～500kW的中小型风力发电机组的主传动系统，不适用于兆瓦级以上大功率风力发电机组。

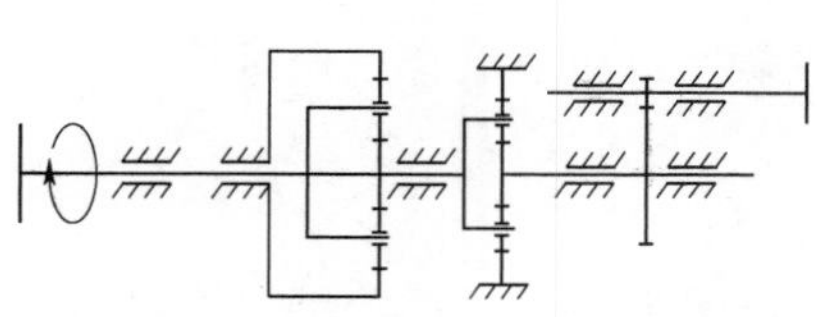

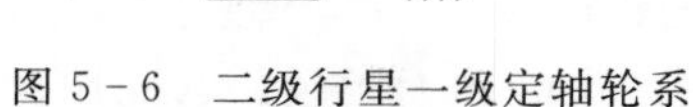

图5-6 二级行星一级定轴轮系

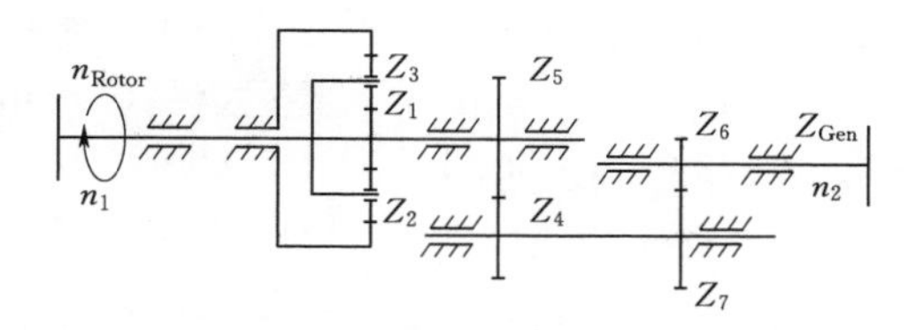

图5-7 一级行星二级定轴轮系

(2) 三级组合轮系方案。图5-6和图5-7所示的二级行星一级平行轴、一级行星二级平行轴传动方案。该传动方案技术路线的特点：①行星传动使齿轮箱的结构紧凑、传动比大、承载能力强，有效抑制了增速齿轮箱的体积；②该传动方案技术路线采用功率串联的三级定速比传动，最大容量有一定限制，不能满足未来不断增大的风力发电机组容量的需求。该类技术路线大多用于1.5～2.5MW风力发电机组。

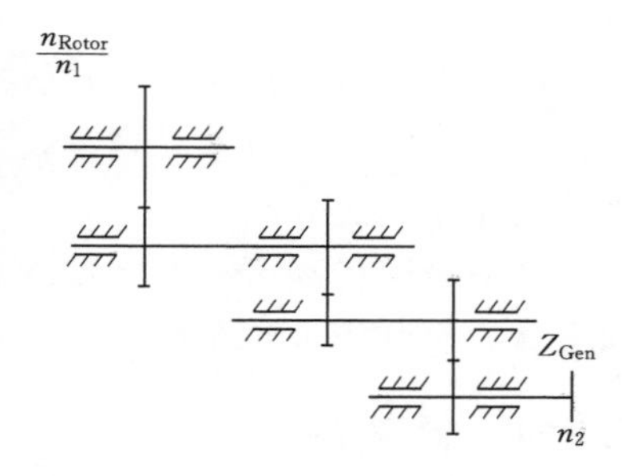

图5-8 三级定轴轮系

(3) 复合行星轮系方案。该传动方案技术路线的特点：①行星轮的销轴可轴向浮动，有利于轮系机构均载；②采用固定轴的行星传动，轴承固定不动，便于轴承强制润滑；③第一级行星传动的内齿圈与箱体分离，可有效减小第一级齿轮传动所产生的振动；④此种结构增速齿轮箱零件可从高速轴方向全部抽出，维修更加便捷。该传动方案技术路线主要用于3MW以上风力发电机组，最大已达到5MW。

5.2.2 轮系方案优化方法

随着单机容量增加，风电齿轮箱承受载荷随之增大、变得复杂，要求必须提高轮齿承载性能，其中功率分流技术是较好的解决方案。功率分流技术是提高齿轮箱功率密度的有效措施，在行星轮系传动中通过多行星轮或多级行星差动，形成多个功率分支装置，实现行星轮系的均载，提高承载能力。

图5-9所示为两种采用了行星轮系差速特性的功率分流型齿轮箱。

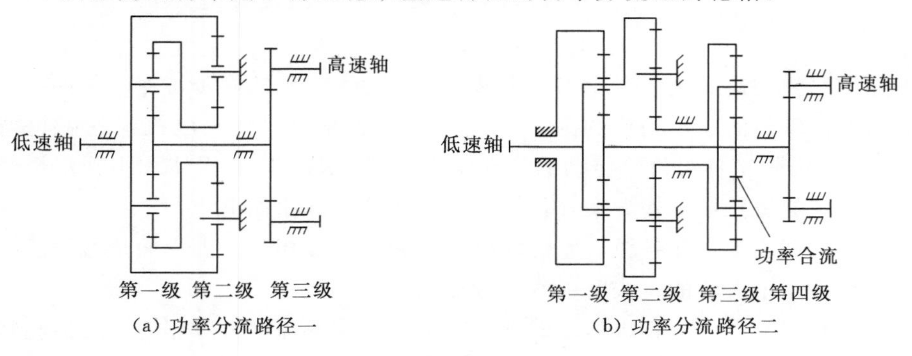

(a) 功率分流路径一　(b) 功率分流路径二

图5-9 功率分流方案

1. 功率分流路径一

(1) 经由与第一级行星架直连的第二级内齿圈，通过轴向分布的固定轴齿轮传至第二级中心轮，再通过与该中心轮相连的第一级内齿圈回传至行星架。

(2) 直接由行星架传递，并在第一级行星轮上与第一路功率汇合，通过第一级太阳轮传至第三级平行轴齿轮副。

2. 功率分流路径二

(1) 齿轮箱的主传动输入级由一级行星轮和固定齿圈组成，一部分动力通过行星架传到第二级内齿圈。第二级传动中，行星轮与相互啮合的内齿圈和太阳轮，共同用作速度分流和改变旋向。

(2) 第三级差动行星齿轮级上，来自第一级太阳轮和第二级太阳轮的功率分别通过行星架和内齿圈，经过差动过程，汇流至第三级的太阳轮，最终传给第四级平行轴传动。四级总增速比超过 200∶1。

功率分流传动可有效实现均载、降荷的目的，并能够减小增速齿轮箱的整体径向尺寸和重量，有利于齿轮箱的安装。

5.2.3　轮系布局设计原则

为满足空间、结构、成本及性能要求，齿轮箱轮系可采用展开式、分流式和同轴式等布置方式。轮系布局遵循非同轴布置原则，末级传动以定轴传动为主。非同轴布置造成的中心偏移便于不同的发电机速度输出，也便于在风轮轴内布置管路或电缆。此外，行星轮系布置还应遵循以下原则和条件：

(1) 传动比条件。行星轮系必须实现要求的传动比，行星轮系传动比与齿数的关系可由《机械设计手册》（化学工业出版社，2008 年）查得。

(2) 邻接性条件。相邻行星轮的齿顶不应发生干涉，保证齿顶间连心线上至少有 0.5 个模数的间隙。

(3) 同心性条件。中心轮和所有行星轮组成的所有齿轮副的实际中心距必须相等，以保证各行星轮承载相同。

(4) 装配性条件。所有行星轮能够对称装入，并保证行星轮与中心轮正确啮合所应具备的齿数关系。

5.2.4　传动比分配原则

齿轮箱的总传动比取决于风轮的额定转速和风力发电机的同步转速。例如，双馈式风力发电机组，齿轮箱的总传动比约为 1∶100，而半直驱式风力发电机组的齿轮箱总传动比约为 1∶50。齿轮箱各级齿轮传动的传动比应合理分配，以获得体积小、重量轻、传动可靠、承载均匀的齿轮箱结构方案，具体的传动比分配方法如下：

(1) 载荷均衡原则。使各级齿轮传动所承受载荷尽量相等，即齿面接触强度接近或近似相同，避免某一个齿轮的过快磨损或疲劳损伤。

(2) 润滑有利原则。使各级传动的大齿轮浸入油中的深度大致相等，使齿轮啮合副的润滑过程更加全面、快速。

（3）结构紧凑原则。通过合理分配齿轮箱的传动比，使齿轮箱的比功率增大，即齿轮箱箱体单位体积的功率最大，以最大限度降低制造成本。

（4）齿数限制原则。齿轮箱中的最小齿轮的齿数，应受到齿轮最小齿数的限制。

（5）传动比限制原则。单级行星传动比不宜过大，应在 1∶3.15～1∶6.3 之间，以 1∶4.5 和 1∶5 为宜。

（6）末级调整原则。齿轮箱变型设计过程中，尽量通过调整末级定轴传动的传动比，来调整齿轮箱的总传动比，以减少齿轮箱设计变动量。

（7）初步分配原则。传动比可按平均原则初步分配，单级定轴传动最大传动比不超过 1∶5，单级行星传动最大传动比可达 1∶8，并尽量减小定轴传动传动比。

（8）行星轮系分配原则。行星轮系中高速级传动比应大于低速级，而低速级的行星轮数量则多于高速级，以此提高行星轮系的承载能力和均载系数。行星轮系传动比分配经验公式如下：

二级传动的低速级传动比 $1/i_2$

$$i_2=0.5\sqrt{i}+x(i=16\sim45,x=2\sim2.5) \tag{5-4}$$

三级传动的低速级传动比 $1/i_2$

$$i_2=0.5\sqrt{i}+x(i=14\sim400,x=1.8\sim2.2) \tag{5-5}$$

三级传动的中间级传动比 $1/i_2$

$$i_2=0.8\sqrt{i}+x(x=1.2\sim1.6) \tag{5-6}$$

（9）低速级额定原则。应以低速级承载能力为轮系承载能力设计依据，并尽量将高速级的承载裕量控制在 20%～40%。

5.3 齿轮的设计和计算方法

为了提高齿轮箱传动稳定性、减少冲击、增加承载能力，齿轮箱大多采用渐开线斜齿圆柱齿轮传动。渐开线斜齿圆柱齿轮传动逐渐啮入和啮出，同时啮合的齿对数较多，运转噪声低、承载能力更大，适合于高速、重载的齿轮箱。以渐开线斜齿圆柱齿轮为例，阐述风电齿轮箱中齿轮的设计和计算方法。

5.3.1 轮齿齿形设计

斜齿圆柱齿轮的轮齿在齿轮圆柱体上做成螺旋线形状。节平面内，齿廓方向决定于螺旋角 β。螺旋角 β 使齿轮传动过程中同时进入啮合的齿数更多、承载力更大，但会引起有害的附加轴向力 F_a。螺旋角 β 越大，附加轴向力 F_a 越大。斜齿轮的螺旋角 β 取值范围为 $8°\sim20°$，一般取齿轮箱的齿轮螺旋角 $\beta=20°$。

5.3.2 轮齿参数计算

轮齿的主要几何参数包括压力角、直径、中心距等。斜齿轮的几何参数有端向量和法向量之分。端向量即轮齿端面的几何参数，端向垂直于齿轮轴线。端向几何参数决定了啮

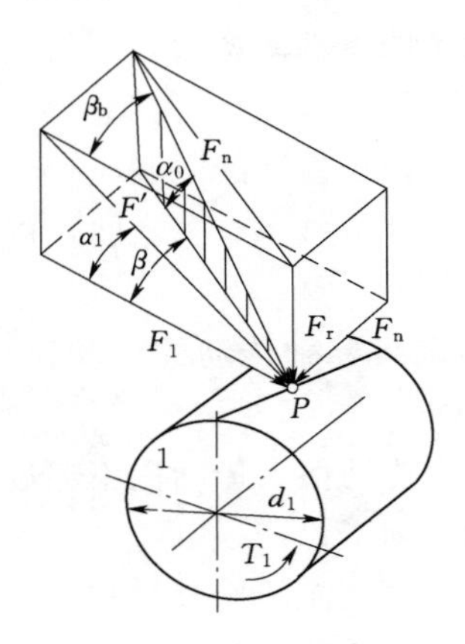

图 5－10　斜齿齿轮参数

合状况，法向量即齿廓垂直面上的几何参数。法向量决定了轮齿的加工方法和刀具。端向量的下标可用 t 表示，法向量的下标可用 n 表示，基圆下标可用 b 表示。若齿数为 z，则有

法向模数 m_n 由《齿轮的模数系列》（DIN 780—1997）规定为

$$m_t = \frac{m_n}{\cos\beta} \tag{5-7}$$

$$p_n = \pi m_n \tag{5-8}$$

$$p_t = \pi m_t \tag{5-9}$$

$$e_n = \frac{p_n}{2} \tag{5-10}$$

$$e_t = \frac{p_t}{2} \tag{5-11}$$

$$s_n = \frac{p_n}{2} \tag{5-12}$$

$$s_t = \frac{p_t}{2} \tag{5-13}$$

$$\alpha_n = \alpha_p = 20° \tag{5-14}$$

$$\tan\alpha_t = \frac{\tan\alpha_n}{\cos\beta} \tag{5-15}$$

$$\tan\beta_b = \tan\beta\cos\alpha_t，\text{或 } \sin\beta_b = \sin\beta\cos\alpha_n \tag{5-16}$$

$$p_{bt} = p_t\cos\alpha_t \tag{5-17}$$

$$p_{bn} = p_n\cos\alpha_n \tag{5-18}$$

$$d = zm_t = z\frac{m_n}{\cos\beta} \tag{5-19}$$

$$d_b = d\cos\alpha_t = z\frac{m_n\cos\alpha_t}{\cos\beta} \tag{5-20}$$

$$h_a = m_n \text{ 或 } c = 0.25m_n \tag{5-21}$$

$$d_a = d + 2h_a = d + 2m_n = m_n\left(2 + \frac{z}{\cos\beta}\right) \tag{5-22}$$

$$h_t = 1.25m_n \tag{5-23}$$

$$d_t = d - 2h_t = d - 2.5m_n \tag{5-24}$$

$$a_d = \frac{d_1 + d_2}{2} = m_t\frac{z_1 z_2}{2} = \frac{m_n}{\cos\beta}\frac{z_1 + z_2}{2} \tag{5-25}$$

式中　m_n——法向模数；
m_t——端向模数；
p_n——法向齿距；
p_t——端向齿距；
e_n——法向齿槽宽；
e_t——端向齿槽宽；
s_n——法向齿厚；
s_t——端向齿厚；
α_n——法向压力角；

α_p——《一般和重型机械制造用圆柱齿轮上渐开线轮齿的基本齿廓》（DIN 867—1986）规定的基本齿廓的齿形角；

α_t——端向压力角；

β_b——基圆螺旋角；

p_{bt}——基圆齿距；

p_{bn}——基圆柱法向齿距；

d——分度圆直径；

d_b——基圆直径；

h_a——标准齿顶系数；

d_a——标准齿顶圆直径；

h_t——标准齿根系数；

d_t——标准齿根圆直径；

a_d——齿轮副标准中心距。

此外，风电齿轮箱中内齿圈的分度圆直径 d_b，可按下式近似计算（设行星轮个数为3，且按接触强度计算时），

$$d_b \geqslant 608\sqrt[3]{\frac{K_A M_2 (i-1)^2}{\phi_d [\sigma_H]^2 (i-2)}} \tag{5-26}$$

式中　M_2——低速轴（行星架）工作转矩；

K_A——使用系数；

ϕ_d——齿宽系数，对增速传动通常 $0.15 \leqslant \varphi_d \leqslant 0.25$，一般情况均可按 $\varphi_d = \frac{b}{d_b} = \frac{1}{4.5} \approx 0.22$；

$[\sigma_H]$——许用接触应力。

5.3.3　齿轮啮合计算

轮齿沿齿宽 b 的倾斜量用分度圆上的重合长度增量 U 来表示，则有 $U = b\tan\beta$。由此计算斜齿轮啮合的重合度，包括轴向重合度 ε_β、端面重合度 ε_α 和总重合度 ε_γ。

总重合度 ε_γ 代表同时参与啮合的轮齿平均对数。如果 $\varepsilon_\beta = 1$ 或为整数，表示啮合总是连续不断的，这样受载均匀，可降低噪声。具体计算为

$$\varepsilon_\gamma = \varepsilon_\alpha + \varepsilon_\beta \tag{5-27}$$

$$\varepsilon_\alpha = \frac{g_a}{p_{et}} = \frac{0.5(\sqrt{d_{a1}^2 - d_{b1}^2} + \sqrt{d_{a2}^2 - d_{b2}^2}) - a_d \sin\alpha_t}{\pi m_t \cos\alpha_t} \tag{5-28}$$

$$\varepsilon_\beta = \frac{U}{p_t} = \frac{b\tan\beta}{p_t} = \frac{b\sin\beta}{\pi m_n} \geqslant 1 \tag{5-29}$$

5.3.4　轮齿变位计算

一对啮合的标准齿轮，其中小齿轮齿根厚度薄，参与啮合次数较多，因此强度低、易损坏，影响了齿轮传动的承载能力。若相互啮合的齿轮实际中心距小于标准中心距，会导

致无法安装；若实际中心距大于标准中心距，则会产生较大的轮齿啮合侧隙，影响传动的平稳性。此外，若滚齿切制的标准齿轮齿数小于 17，则会发生根切现象。因此，齿轮均要进行变位加工。

5.3.4.1　当量齿数、最小齿数

为了计算变位系数，便于选择斜齿加工刀具，斜齿轮可等效为一个虚拟的圆柱齿轮，其齿形与斜齿轮的法面齿形相当。当量齿轮的齿数称为当量齿数。若斜齿轮齿数为 z，则当量齿轮的当量齿数为 z_n，即

$$z_n=\frac{d_n}{m_n}=\frac{d}{\cos^2\beta_b m_n}=\frac{z}{\cos^2\beta_b\cos\beta}\approx\frac{z}{\cos^3\beta} \tag{5-30}$$

当量齿轮的最小齿数参照直齿轮的最小齿数 $z_n=z_{gn}=z_g=17$，则斜齿轮理论最小齿数 $z_{gt}\approx z_{gn}\cos^3\beta$；若取 $z_n=z'_{gn}=z'_g=14$，则斜齿轮的实际最小齿数 $z'_{gt}=z'_{gn}\cos^3\beta=14\cos^3\beta$。

此外，齿轮箱中齿轮的齿数选取还与齿轮强度有关，例如小齿轮啮合次数多于大齿轮，为了保证其具有足够的接触强度和弯曲强度，小齿轮硬度应大于或等于大齿轮的硬度，图 5-11 中给出了以接触与弯曲等强度条件为依据的 z_{1max} 推荐值。

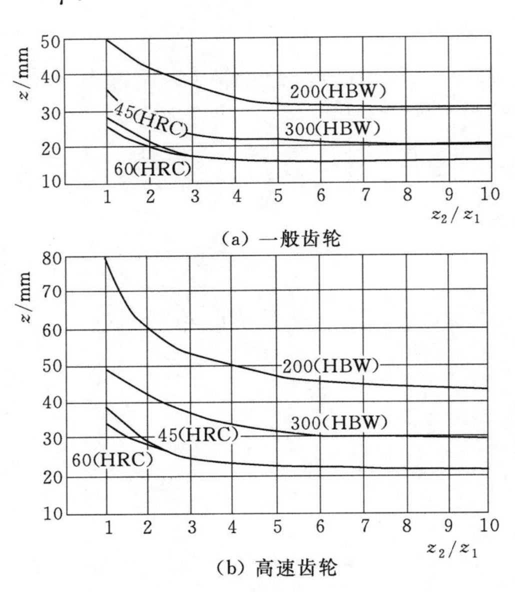

图 5-11　小齿轮最大齿数 z_{1max}

图 5-11 中硬度值是大齿轮的最低硬度，小齿轮的硬度等于或大于大齿轮的硬度，硬度 200(HBW)、300(HBW)和 45(HRC)是整体热处理硬度，60(HRC)是轮齿表面硬度。若齿面硬度不大于 350(HBW)，推荐 z_{1mix} 不小于 17；若齿面硬度不小于 350(HBW)，z_{1mix} 不小于 12。

内齿圈的常见齿数范围：70～125；太阳轮的常见齿数范围：16～35；行星轮的常见齿数范围：25～50。

实际计算过程中，太阳轮齿数 z_a 的估算公式为

$$z_a=(13\sim16)\frac{i}{i-2} \tag{5-31}$$

5.3.4.2　变位系数

风电齿轮箱中斜齿轮所需的变位量为 $V=xm_n$，斜齿轮的实际最小变位系数计算为

$$x_{grenz}=\frac{z'_g-z_n}{z_g}=\frac{14-z_n}{17} \tag{5-32}$$

外啮合总变位系数为 0.3～0.8，齿数分别为 z_a 和 z_g 的太阳轮、行星轮的变位系数 x_a、x_g 参考值分别为

$$x_a=0.75-\frac{z_a}{55}\geqslant0.2 \tag{5-33}$$

$$x_g = 0.6 - \frac{z_g}{120} \geqslant 0.25 \tag{5-34}$$

变位系数的选择除考虑强度及啮合情况外，还应有利于降低滑差。

5.3.4.3 几何参数

斜齿圆柱齿轮分为标准齿轮传动、等变位齿轮传动和能满足特定中心距要求或对承载能力和重合度有特别要求的不等变位齿轮传动。

分度圆端面齿厚 s_t 为

$$s_t = \frac{s_n}{\cos\beta} = \frac{p_t}{2} + 2V\tan\alpha_t = m_t\left(\frac{\pi}{2} + 2x\tan\alpha_n\right) \tag{5-35}$$

法向齿厚 s_n 为

$$s_n = s_t\cos\beta = \frac{p_2}{2} + 2V\tan\alpha_n = m_n\left(\frac{\pi}{2} + 2x\tan\alpha_n\right) \tag{5-36}$$

任意直径 d_x 上的齿面齿厚 s_{yt} 为

$$s_{yt} = d_y\left(\frac{\pi + 4x\tan\alpha_n}{2z} + \text{inv}\alpha_t - \text{inv}\alpha_{yt}\right) = d_y\left(\frac{s_t}{d} + \text{inv}\alpha_t - \text{inv}\alpha_{yt}\right) \tag{5-37}$$

$$\cos\alpha_{yt} = d\cos\alpha_t / d_y \tag{5-38}$$

$$\frac{s_t}{d} = \frac{\pi + 4x\tan\alpha_n}{2z} \tag{5-39}$$

式中 α_{yt}——压力角；

s_t/d——齿厚半角。

任意直径 d_y 上的法向齿厚 s_{yn} 为

$$s_{yn} = s_{yt}\cos\beta_y \tag{5-40}$$

$$\tan\beta_y = \tan\beta\cos\alpha_t / \cos\alpha_{yt} \tag{5-41}$$

式中 β_y——直径 d_y 上的螺旋角：

无侧隙啮合变位传动的中心距为

$$a = \frac{d_{w1} + d_{w2}}{2} = \frac{d_1 + d_2}{2}\frac{\cos\alpha_t}{\cos\alpha_{wt}} = a_d\frac{\cos\alpha_t}{\cos\alpha_{wt}} \text{或} \cos\alpha_{wt} = \cos\alpha_t\frac{a_d}{a} \tag{5-42}$$

式中 d_{w1}，d_{w2}——两齿轮节圆直径，m；

d_1，d_2——分度圆直径，m；

α_t——端面压力角；

α_{wt}——端面啮合角；

a_d——标准中心距，m。

对于特定的$\sum x = x_1 + x_2$，借助渐开线函数，可求得啮合角 α_{wt}为

$$\text{inv}\alpha_{wt} = 2\frac{x_1 + x_2}{z_1 + z_2}\tan\alpha_n + \text{inv}\alpha_t \tag{5-43}$$

针对特定中心距 a，变位系数和为 $\sum x$，则

$$\sum x = x_1 + x_2 = \frac{\text{inv}\alpha_{wt} - \text{inv}\alpha_t}{2\tan\alpha_n}(z_1 + z_2) \tag{5-44}$$

同时将变位系数和分配给相互啮合的两个齿轮，得 x_1 和 x_2。

5.3.5　齿轮修形方法

齿轮箱的齿轮传动受制造和安装误差、齿轮弹性变形及热变形等因素的影响。轮齿啮合过程中不可避免地会产生冲击、振动和偏载，从而导致齿轮早期失效。理论和实践证明，单纯靠提高齿轮和箱体的制造和安装精度远远不能满足齿轮传动性能要求，还会增加制造成本。

根据齿轮传动和安装情况进行适当齿廓和齿向修形，可有效改善齿轮运转性能、提高承载能力和使用寿命。

5.3.5.1　齿廓修形

齿轮啮合过程中载荷分布突变现象比较明显，轮齿随之发生弹性变形。轮齿的弹性变形、装配误差及制造误差，使轮齿啮合处的基节不再相等，导致齿轮在啮入和啮出时出现啮合干涉和冲击。

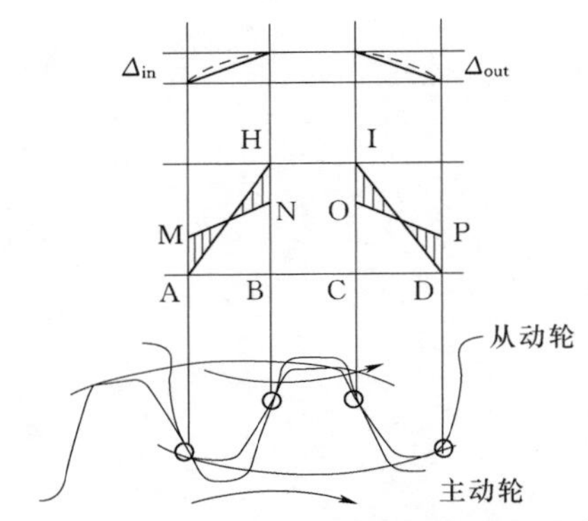

图5-12　齿轮啮合运动与齿廓载荷分布

齿廓修形是有意识地微量修整齿轮的齿面，使其偏离理论齿面的工艺措施，修掉靠近齿顶或齿根的干涉齿形。

为了获得理想的修形效果，通过计算或试验得出合理的修形三要素，即修形长度、修形量、修形曲线。

主动齿轮顶部的最大修形量 δ_d 应以轮齿在B点啮合时的受载变形量作为理论依据。同理，被动齿轮顶部的最大修形量 δ_a 主要以轮齿在C点啮合时的受载变形量作为依据，再考虑齿轮基节误差对啮合的影响，则啮入和啮出位置的最大修形量为 Δ_{in} 和 Δ_{out}，即

$$\left.\begin{aligned}\Delta_{in}=\delta_a=\delta_{c1}+\delta_{c2}\pm\Delta f_b\\ \Delta_{out}=\delta_d=\delta_{B1}+\delta_{B2}\pm\Delta f_b\end{aligned}\right\}\tag{5-45}$$

式中　δ_{c1}——主动齿轮在C点的变形量，m；

δ_{c2}——从动齿轮在C点的变形量，m；

δ_{B1}——主动齿轮在B点的变形量，m；

δ_{B2}——从动齿轮在B点的变形量，m；

Δf_b——齿轮误差引起的基节差，根据其方向选择正负号。

可根据寺内喜男、永村法等方法，计算最大修形量：$e_n=F_n f_a/b$，其中 F_n 为齿面法相静作用力；f_a 为齿顶修正系数；b 为齿轮有效宽度。

修形长度包括长修形和短修形。长修形是从一对齿轮的啮合起点或啮合终点到单齿啮合的起点或终点；短修形是从一对齿轮的啮合起点或啮合终点到长修形的1/2处。根据会田俊夫推荐的方法，长修形长度 $l=p_b(\varepsilon_\delta-1)$，短修形长度 $l=\frac{1}{2}p_b(\varepsilon_\delta-1)$。

常用的修形曲线为直线或抛物线。抛物线修形在较宽范围内具有较低的动态响应，且对载荷变化、修形量变化、修形长度变化的敏感度更低。直线修形在近似恒定地等于或略

高于设计载荷的情况下，具有更低的动载荷，在采用线性修形的情况下，大修形量将比小修形量产生更大的动载荷；低于设计载荷工况时产生的动载荷将大于高于设计载荷工况时产生的动载荷。为了更好提高齿轮的工作性能，补偿齿轮的非线性变形，根据需要可将直线和抛物线结合起来使用。不同工况和载荷条件下，采用不同修形曲线的修形效果也不同。应根据实际运行工况确定修形曲线及类型。

常用的修形曲线主要如下：

直线为

$$e=e_{\max}\frac{x}{L} \tag{5-46}$$

式中 $e_{\max}$——齿顶或齿根最大修形量，m；

e——距离为 x 时的修形量，m；

L——啮合起点或终点到单齿啮合起点或终点，m；

x——啮合位置点的相对坐标，沿啮合线，原点在单双齿啮合的交替点处。

Walker 推荐的修形曲线为

$$e=e_{\max}\left(\frac{x}{L}\right)^{1.5} \tag{5-47}$$

图 5-12 所示为齿廓修形原理，齿廓修形使轮齿载荷在进入啮合点 A 时正好相接触，载荷从 M 值降为零，然后逐渐增加至 H 点达 100%载荷。在 CD 段，载荷由 100%逐渐减小，最后到 D 点为零，载荷分布变化为 AHID。

5.3.5.2 齿向修形

相互啮合的齿轮在空载时为全齿啮合，轴向无弯曲变形。当外部载荷增加时，齿轮将出现轴向倾斜，导致齿向载荷分布不均。加之高速齿轮的离心力、齿轮热变形、材质分布不均等影响，造成齿面出现胶合、点蚀等缺陷。此外，齿轮制造误差、轴承同心度误差等也会影响齿轮啮合，造成齿轮偏载。如图 5-13 所示，齿向修形是通过对轮齿齿向方向做微量修形，来补偿上述变形，保证正确的齿向啮合曲线和啮合宽度，避免齿轮啮合过程中出现过度偏载。

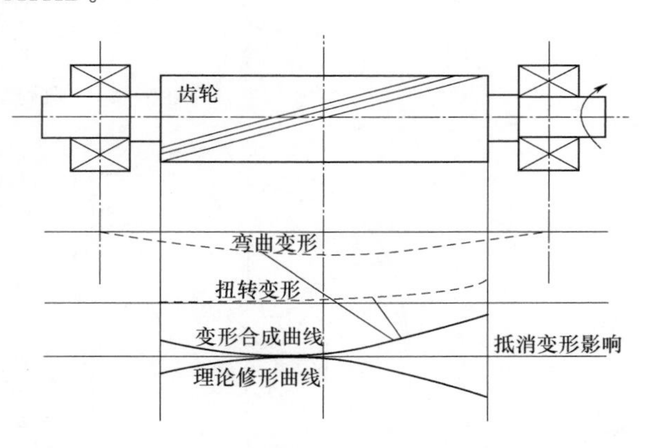

图 5-13 齿向载荷分布与变形情况

齿向修形包括鼓形齿修形、齿端修薄、螺旋角修形、齿端三角修形和扭转修形等方法，其中前三种方法较常用。

(1) 齿端修薄（图 5-14）。在距齿轮两端一定距离处，分别向两端逐渐将齿厚修薄。齿端修薄的常用修形曲线有直线和抛物线。该方法适合于传动速度小于 100m/s、且热变形小的齿轮；修形量为 0.013～0.035mm；修形长度约为齿宽的 0.25 倍。通常，齿端修薄方法与其他修形方法结合使用。

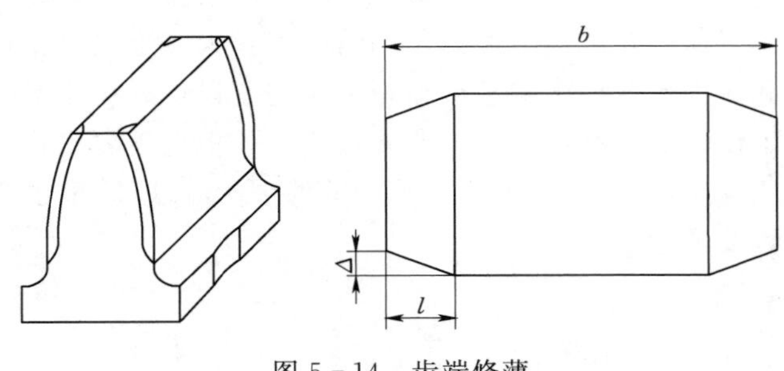

图 5－14　齿端修薄

（2）螺旋角修形（图 5－15）。在原螺旋角基础上，对其中一个齿轮螺旋线进行修形，使空载条件下相互啮合斜齿轮之间存在螺旋角差；载荷增加，则两者间的螺旋角差消失，齿向载荷趋于均匀。螺旋角修形量可通过有限元分析进行计算。该方法可有效改善齿向载荷不均匀分布现象。

（3）鼓形齿修形（图 5－16）。用等半径方法使齿轮在齿宽中部鼓起，并呈两端对称的鼓形，修形量一般不超过 50μm。但载荷沿齿向分布并不完全对称，鼓形方向误差也并非均布；使得单一的鼓形齿修形并不理想。因此该方法要与其他方法结合使用。

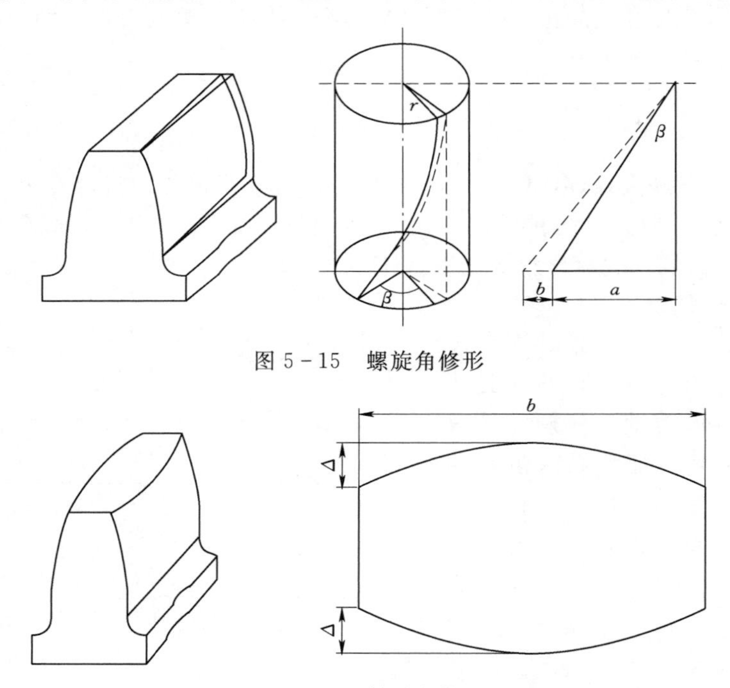

图 5－15　螺旋角修形

图 5－16　鼓形齿修形

5.3.6　齿轮精度设计

增速齿轮传动对精度要求略高于减速传动。若齿轮精度一定，则增速传动的许用工作速度要低于减速传动，为此应将许用工作转速降低 20%～30%。为了提高齿轮箱的承载性能，要求提高齿轮精度等级，这与齿轮强度、齿面耐磨性、啮合平稳性、润滑油油膜比厚及油膜稳定性的关系密切。

对风电齿轮箱而言，较高的齿轮精度等级是相当必要的。国家标准《圆柱齿轮　精度制》（GB/T 10095—2008）推荐的齿轮精度为：外齿轮一般不低于 5 级，内齿圈不低于 6 级。

5.3.7 齿轮材料

齿轮主要采用高性能合金钢，以满足齿轮的机械强度、抗低温冷脆性和尺寸稳定性等性能要求。外齿轮常用材料有 20CrMnMo、15CrNi6、17Cr2Ni2A、20CrNi2MoA、17CrNiMo6、17Cr2Ni2MoA 等材料；内齿圈可采用 42CrMoA、34Cr2Ni2MoA 等材料。各种齿轮用高性能合金材料的力学性能如表 5－3 所示。

表 5－3 齿轮部分材料力学性能

材料牌号	热处理方式	截面尺寸 φ/mm	硬度		力学性能				
			渗碳淬火（HRC）	调质（HBW）	σ_b	$\sigma_{0.2}$（σ_s）	δ	ψ	A_k/J
					≥，MPa		≥，%	≥，%	
20CrMnMo	渗碳＋淬火＋回火	15	60±2	—	1175	（885）	10	45	55
15CrNi6		11		—	960～1270	（685）	8	35	—
20CrNi2MoA		30		—	980	—	15	40	55
17CrNiMo6		30		—	1080～1320	（785）	8	35	60
42CrMoA	调质	≤100	表面淬火 54～60	266～324	900～1100	650	12	50	—
		＞100～160		238～280	800～950	550	13	50	—
		＞160～250		222～266	750～900	500	14	50	—
		＞250～500		204～250	690～840	400	15	—	—
		＞500～700		175～219	590～740	390	16	—	—
34Cr2Ni2MoA		≤100	表面淬火 52～58	298～355	1000～1200	800	11	50	45
		＞100～160		266～324	900～1100	700	12	55	45
		＞160～250		238～280	800～950	600	13	55	45
		＞250～500		219～263	740～890	540	14	—	—
		＞500～1000		204～250	690～840	490	15	—	—

5.4 齿轮箱结构

箱体是齿轮箱的重要部件，承受来自风轮的作用力和齿轮传动时产生的反力，必须具有足够的刚性，以防止箱体变形，并保证齿轮传动质量。

5.4.1 箱体结构

箱体要符合主传动系统的布局要求，并考虑加工、装配、检查和维护问题。箱体有底座支撑和两点悬臂弹性支撑两种支撑结构，支撑结构及其壁厚以主轴承位置、箱体支撑位置、箱体重量及质心位置为依据。为了获得较小箱体尺寸，外形根据轮系分配和布局方案，参照轮系总体外形设计，内部则根据外齿轮、内齿圈、齿轮轴和行星架的分布和啮合关系做适应性设计。齿轮箱扭矩臂及其弹性支撑结构如图 5－17 所示。

箱体是轮系的支撑和容纳结构，为保证轮系正常运行，还应配置以下辅助结构：

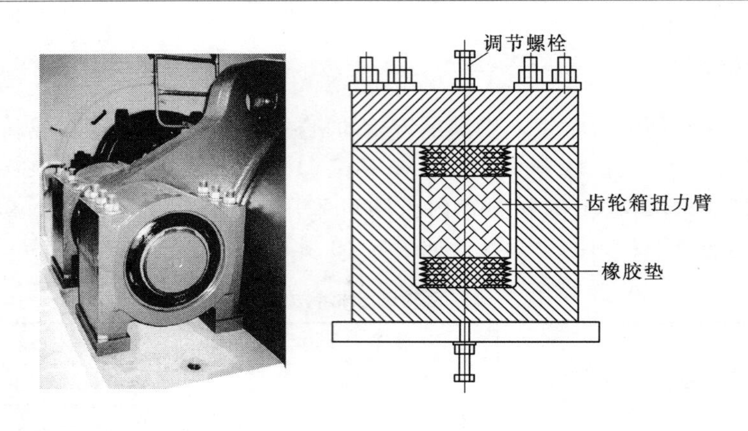

(a) 外观　　　　(b) 结构

图 5-17　齿轮箱扭矩臂及其弹性支撑结构

(1) 窥视结构。为了便于装配和定期检查齿轮的啮合情况，箱体上设有观察窗、轴承处设有观察孔。

(2) 起吊结构。考虑齿轮箱的装配和拆卸问题，在箱体合适位置必须设有起吊孔和起吊结构。

(3) 排气结构。箱体顶部应设有透气帽，以平衡箱体内外的压差。

(4) 油位监控。箱体合适位置应设有油标或油位指示器，以动态观察齿轮箱内的润滑油油位。箱体底部应设放油孔，并保证放油孔周边有足够的放油空间。箱体底部安装磁性螺塞。

(5) 预留位置。强制润滑和冷却的齿轮箱箱体的合适部位应预留润滑、过滤及冷却等相关液压件的安装位置。

容纳了轮系并配有上述辅助结构的箱体，内外结构变得十分复杂，必定造成箱体结构强度分布不均。强度分析表明，箱体表面的应力最大值常发生在扭矩臂与箱体本体的连接位置，应力集中现象较为明显。最大位移出现在箱体尾端，以上危险结构应进行适当优化，必要处设置加强筋，加强筋的位置与引起箱体变形的作用力方向相一致，布置原则有以下方面：

(1) 加强筋应通过主应力方向，并通过增大承载截面来降低其拉应力。

(2) 加强筋应尽量置于箱体内部，使箱体外表面干净、整洁、美观。

箱体材料通常为铸铁材料，铸铁材料减振性和工艺性较好，有利于提升箱体结构和工艺性能，降低制造成本，适用于批量生产的齿轮箱。此外，箱体也可采用焊接或铸焊结合的制造工艺，主要用于单件小批生产的齿轮箱。

5.4.2　行星架结构

齿轮箱的低速级采用行星传动，由行星架承受最大的外力矩。行星架对行星轮之间的载荷分配及传动装置的承载能力、噪声和振动有很大影响。行星架必须重量轻、刚性好、便于加工和装配。行星架通常有双壁整体式、单壁式两种典型结构，如图 5-18 和图 5-19 所示。

双壁整体式行星架具有刚性好的优点，但其结构较为复杂。双壁由中间的梁结构联结。梁结构的数量与行星轮数量相同，尺寸由行星轮尺寸确定。为了保证行星架的强度和刚度，双壁的壁厚必须通过强度校验。

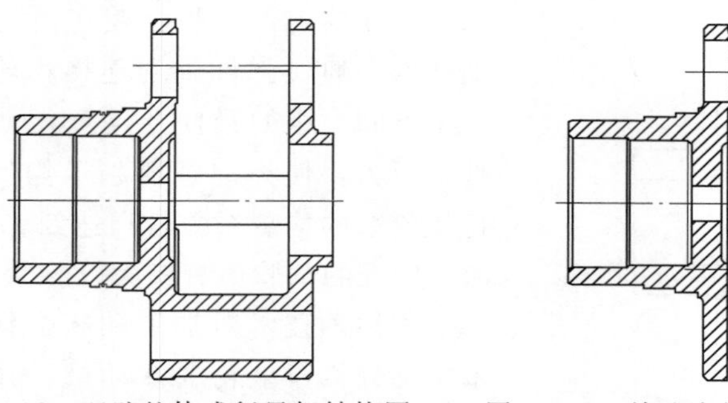

图 5-18 双壁整体式行星架结构图　　图 5-19 单壁式行星架结构图

图 5-20 中显示了双壁整体式行星架的细部尺寸。不装轴承时，其结构尺寸按经验选取：$c_1=(0.25\sim0.3)a'$，$c_2=(0.2\sim0.25)a'$。L_c 应比行星轮外径大 10mm 以上，连接板内圆半径 R_n，按 $R_n/R\leqslant0.5\sim0.85$ 确定。

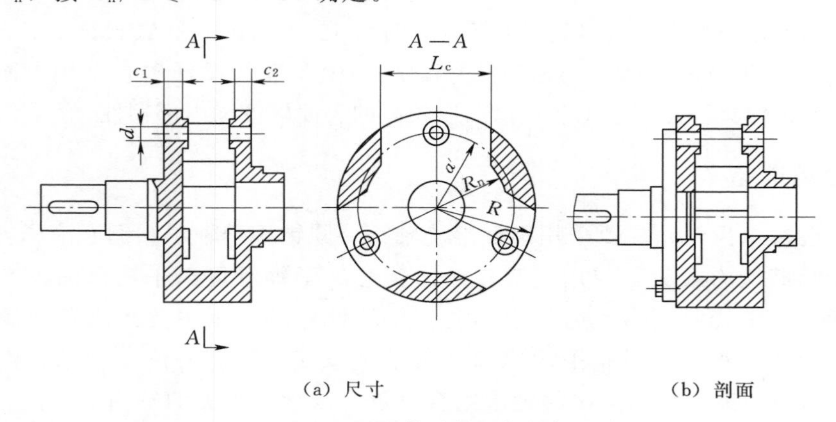

(a) 尺寸　　(b) 剖面

图 5-20 双壁整体式行星架细部尺寸

单壁式行星架的结构相对简单，但行星轴为悬臂梁结构，受力状况不佳。单壁式行星架在低速、重载的行星传动中极少使用。采用单壁式行星架的行星传动，行星轴应通过弯曲强度校核和刚度计算。

行星架受力会出现变形，影响行星轮与内齿圈的轮齿啮合，因此需要保证行星架的强度和刚度。通过应力和位移分析，可清楚了解行星架的最大应力、位移及应力和位移分布，根据分析结果可进行行星架结构的优化，以降低最大应力及位移值，以达到改善传动状况、降低重量、节约成本的目的。

行星架常用材料包括 QT700-2、ZG34CrNiMo、ZG42CrMoA 等，可采用铸造方法加工而成。如果行星架与齿轮箱输入轴被设计成一体结构，为了提高其强度、冲击韧性及弹性，则行星架宜采用铸造用合金钢，如 ZG34CrNiMo 等。

5.4.3 齿轮轴结构

齿轮轴是带有键槽的阶梯轴，用于支撑齿轮并传递扭矩。齿轮轴应尽量避免较大的台

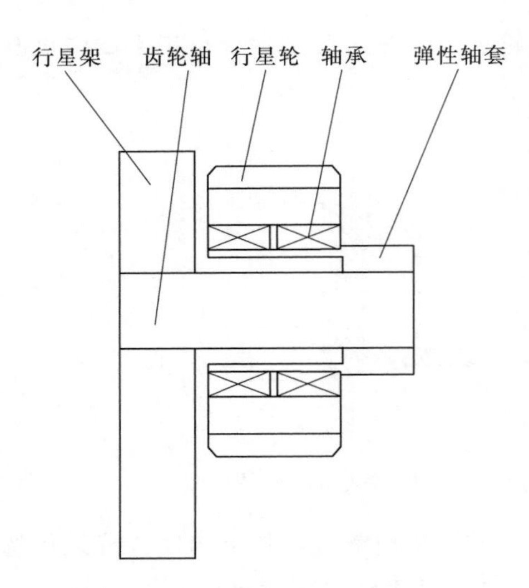

图5-21 柔性轴结构图

阶和复杂的形状，避免局部产生较大应力集中和较高制造成本。为了改善齿轮承载性能，使轮系承载更加均匀，一些企业在齿轮箱中应用了柔性轴技术。通过弹性轴套连接齿轮，使齿轮沿轴向产生不同大小的径向浮动量，动态调节齿轮副的啮合压力，使齿向载荷趋于均匀。柔性轴技术使行星轮系的均载系数最高达到1.04左右，比AGMA标准的试验值有较大改善。

柔性轴技术对加工和装配精度极为严格，要求精确计算行星轮的浮动量，并按设计要求精准加工和装配。柔性轴的结构图，如图5-21所示。若浮动量过大，则可能导致行星轮系中各齿轮副之间或其余部件的微动磨损，浮动量过小达不到预期的均载效果。

齿轮轴的常用材料是40、45、50等碳素钢和40Cr、50Cr、42CrMoA等合金钢，以及20CrMnTi、20CrMo、20MnCr5、17CrNi5、16CrNi等优质低碳合金钢，而且必须经调质和重要部位淬火等热处理工艺，以获取较高的表面硬度和内部韧性。

5.4.4 轴承选型

风力发电机组齿轮箱主要采用圆柱滚子轴承、圆锥滚子轴承和调心滚子轴承。调心滚子轴承的承载能力最大、应用最为广泛。调心滚子轴承可纠正箱体加工产生的同轴误差，避免齿轮轴挠曲变形。通常中小型齿轮箱低速端轴承主要采用单列满滚子轴承或双列调心滚子轴承；行星轮采用短圆柱滚子轴承或双列调心滚子轴承。大功率齿轮箱，通常采取单列滚子与四点接触轴承组合支承，以承受较大的轴向力。齿轮箱内的轴承应用如图5-22所示。

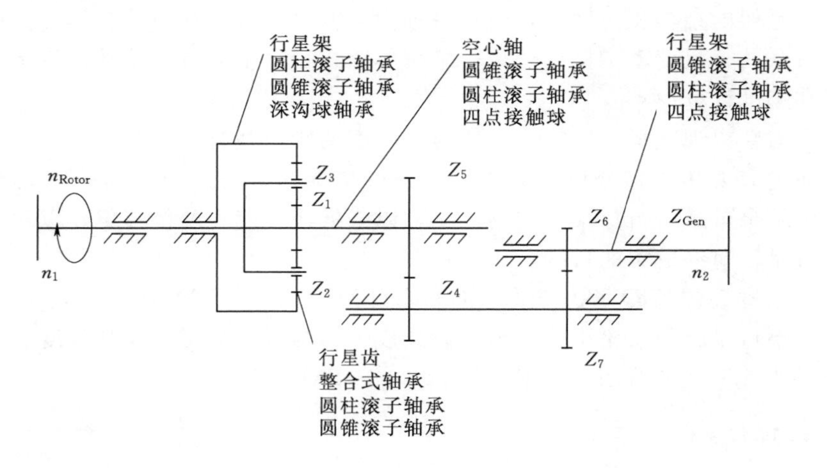

图5-22 齿轮箱内的轴承应用

根据风力发电机组20年的设计寿命，经折算并考虑安全系数，轴承设计承寿命通常要求不低于130000h。在极端载荷下，推荐其静承载能力系数$f_s \geqslant 2.0$。

5.5 润 滑 与 温 控

润滑油在风电齿轮箱中主要起到减少齿面接触及轴承滚动过程中产生的摩擦，带走多余的摩擦热，以提高齿轮的承载能力、抗冲击能力，保证齿轮、轴承等重要部件的使用寿命。齿轮箱应采用具有良好低温适应性、高温稳定性的高品质润滑油，使其在预期寿命期内保持良好的抗磨损和抗胶合性能。润滑油包括矿物油和合成油。合成油是指润滑油中加入了用于改善其性能的添加剂。

润滑油被置于独立的润滑系统管路内，用于齿轮箱部件的润滑和冷却。润滑系统由油泵、冷却器、电磁换向阀、温度传感器、油位传感器等部件和元件构成。润滑系统原理图，如图5-23所示。

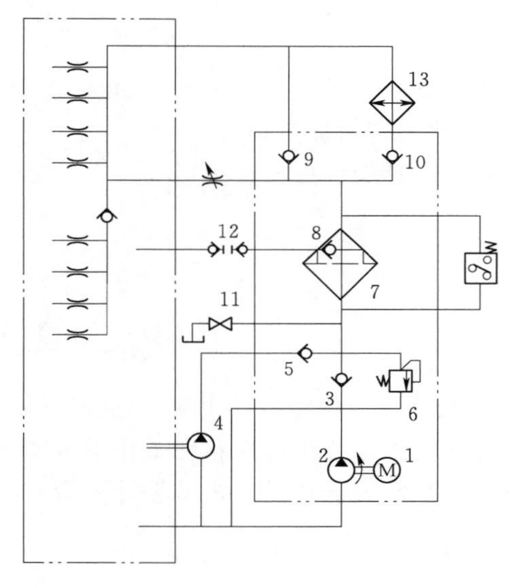

图5-23　齿轮箱润滑系统原理图

1—电动机；2、4—液压泵；3、5、8～10—单向阀；6—溢流阀；7—滤油器；11—截止阀；12—放气接头；13—冷却器

润滑油系统由电动机1带动液压泵2、4，使润滑油在箱体及润滑管路中流动。经由单向阀3、5、8、9、10对润滑油的流向进行控制，分别流向箱体、冷却器、过滤器等部位。润滑系统的主要功能有以下方面：

(1) 过滤功能。润滑系统采用多级过滤精度的混合滤芯，在粗精度滤芯和高精度滤芯之间用单向阀8隔开。润滑油温度较低时，润滑油黏度变高，通过高精度滤芯时产生的压降增大，若大于单向阀8的截止压力，经过粗精度滤芯流过过滤器；若润滑油温度升高，通过高精度滤芯时产生压差逐渐减小，使单向阀8逐渐由开口状态转向关闭状态。

(2) 冷却功能。单向阀9和单向阀10用于决定润滑油直接进入齿轮箱或经由冷却器13再进入齿轮箱。若润滑油的温度较低，润滑油黏度较大，冷却器两侧压差增大，一旦压差大于单向阀9的截止压力，则大部分润滑油经单向阀直接进入齿轮箱；一小部分温度较高的润滑油进入冷却器。

(3) 自动监控。润滑油过滤和温控系统可自动控制。通过温度传感器测量环境及润滑油的温度（10～65℃），决定是加热还是冷却润滑油。若压力传感器和油位传感器出现故障，则监控系统将对此发出报警信号。

5.6　性　能　评　估

5.6.1　承载性能评估

5.6.1.1　齿面接触疲劳强度

齿面接触疲劳强度条件为

$$\sigma_{H} \leqslant \sigma_{HP} \tag{5-48}$$

$$\sigma_{H} = Z_{H} Z_{E} Z_{\varepsilon\beta} \sqrt{\frac{F_{t}}{b d_{1}} \frac{(u \pm 1)}{u} K_{A} K_{v} K_{H\beta} K_{H\alpha}} \tag{5-49}$$

$$\sigma_{HP} = \frac{\sigma_{Hlim} Z_{N} Z_{LVR} Z_{W} Z_{X}}{S_{Hmin}} \tag{5-50}$$

式中各参数详见《机械设计手册》(化学工业出版社，2008 年)。

5.6.1.2　齿根弯曲疲劳强度

齿根弯曲疲劳强度条件为

$$\sigma_{F} \leqslant \sigma_{FP} \tag{5-51}$$

$$\sigma_{F} = \frac{F_{t}}{b m_{n}} K_{A} K_{v} K_{F\beta} K_{F\alpha} Y_{FS} Y_{\varepsilon\beta} \tag{5-52}$$

$$\sigma_{FP} = \frac{\sigma_{FE} Y_{N} Y_{\delta relt} Y_{Rrelt} Y_{X}}{S_{Fmin}} \tag{5-53}$$

式中各参数详见《机械设计手册》(化学工业出版社，2008 年)。

由于风力发电机组齿轮箱在工作中可能出现短时间超过额定载荷的工况，还应进行静强度核算，核算方法详见《机械设计手册》(化学工业出版社，2008 年)。

5.6.2　传动性能评估

齿轮传动性能包括效率、噪声、振动等多方面，噪声和振动等均会造成传动效率的降低，因此风力发电机组的齿轮箱设计过程中，应尽量降低噪声、振动及其环节的机械能损耗。

5.6.2.1　传动效率

齿轮箱的功率损失主要包括齿轮啮合、轴承摩擦、润滑油飞溅和搅油损失、风阻损失、其他机件阻尼等，标准要求增速齿轮箱的机械效率应大于 97%。齿轮传动效率计算公式为

$$\eta = \eta_{1} \eta_{2} \eta_{3} \eta_{4} \tag{5-54}$$

式中　η_1——齿轮啮合摩擦损失的效率；

η_2——轴承摩擦损失的效率；

η_3——润滑油飞溅和搅油损失的效率；

η_4——其他摩擦损失的效率。

此外，齿轮传动效率的计算，还应考虑均载机构带来的摩擦损失。

一般滚动轴承支承的闭式圆柱齿轮传动，单级传动效率约为 99%。空载或额定功率

以下运行时，单级传动效率将低于上述效率值。图 5-24 为不同类型齿轮箱的传动效率估算区间。

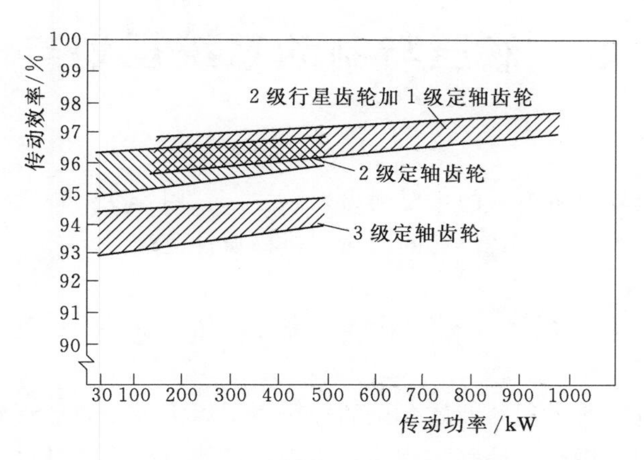

图 5-24　齿轮箱传动效率

5.6.2.2　噪声

增速齿轮箱的噪声主要源于啮合误差、制造误差、安装误差、结构变形、接触摩擦、啮入啮出冲击、润滑油搅动、辅助装置运转及结构噪声。鉴于噪声对效率和环境的影响，标准要求 1～3MW 的风力发电机齿轮箱在 1m 距离测得的噪声应在 100～105dB(A)。

为减小噪声水平，可采用以下降噪方法：

(1) 采用轮齿修形，改善齿轮啮合状态和承载性能。

(2) 采用独立式齿圈及其弹性支撑结构，阻断齿圈噪声的传递路径。

(3) 采用齿轮箱弹性支撑，减少刚性接触产生的噪声。

(4) 提高箱体上部件定位精度，降低安装误差和结构变形导致的噪声。

(5) 提高齿面制造精度和齿面质量，减少摩擦产生的误差。

(6) 优化齿轮箱结构，降低结构噪声。

5.6.2.3　振动

齿轮箱的振动主要源于齿轮传动过程中的啮合冲击及自身固有频率与内部、外部激励之间的耦合。振动会造成齿轮箱机械传动性能的下降和系统可靠性的降低。

齿轮箱减少振动的措施包括以下方面：

(1) 在初步设计阶段，对齿轮箱动态特性进行预估，通过结构优化避免系统谐振。

(2) 进行齿轮修形，降低齿轮刚性，避免刚性冲击产生的振动。

(3) 充分润滑，吸收振动能量。

第6章 液压与制动系统规划与设计

液压系统是风力发电机组中的主要动力来源之一，用于变桨距驱动、偏航制动、主传动制动以及风轮锁紧等方面，其设计问题属于机械设计范畴。

6.1 液压系统功能规划

液压系统是机电设备内利用液体介质的静压力，以液体压力能形式进行能量传递和控制，完成能量的蓄积、传递、控制、放大，实现机械执行机构的准确、快捷、可靠驱动和控制。液压系统可对力、速度、位置等指标快速响应和自动准确控制。液压系统的特点是体积小、重量轻、运动惯性小等，在操控过程中可实现过载保护和自润滑，因此可靠性高、使用寿命长。此外，液压元件多为标准化零部件，可根据液压系统的功能和性能要求灵活装配。

液压系统在风力发电机组中发挥着重要作用，是风力发电机组的主要动力来源之一，为变桨距控制、偏航制动、传动链制动提供液压驱动力。

6.1.1 变桨距驱动功能规划

变桨距控制功能包括电动变桨距和液压变桨距两类。液压变桨距曾用于早期的中小型同步变桨距风力发电机组，随着风力发电机组向大型化发展，液压系统以驱动力大、动作可靠等优势重新被风电整机生产企业所重视。

液压变桨距控制要求液压系统为叶片的开桨、关桨等动作提供控制逻辑和动力来源。液压系统的额定功率和控制逻辑由开桨、关桨的行程参数、响应速度和动力参数决定。变桨距控制要应对正常开桨、正常关桨、快速关桨、失电关桨4个常规变桨距动作。

（1）正常开桨。正常开桨要求液压系统在电机驱动下，为变桨距机构提供与叶片型号、机组功率相匹配的动力，使叶片以（5～8)°/s的角速率，完成由90°桨距角位置旋转到0°桨距角位置的变桨距动作。

（2）正常关桨。正常关桨要求液压系统在电机驱动下，为变桨距机构提供与叶片型号、机组功率相匹配的动力，使叶片以最小（5～8)°/s的角速率，完成由0°桨距角位置旋转到90°桨距角位置的变桨距动作。

（3）快速关桨。快速关桨要求液压系统在电机驱动下，为变桨距机构提供与叶片型号、机组功率相匹配的动力，要求叶片以最小10°/s的角速率，由0°桨距角位置旋转到90°桨距角位置。

（4）失电关桨。失电关桨要求液压系统在备用蓄能装置驱动下，为变桨距机构提供与叶片型号、机组功率相匹配的动力，使各个叶片以最小（5～8)°/s的角速率，至少完成1

次由 0°桨距角位置旋转到 90°桨距角位置的变桨距动作。

变桨距控制功能由独立液压变桨距机构或同步液压变桨距机构完成，图 6-1 为这两种变桨距执行机构示意图。

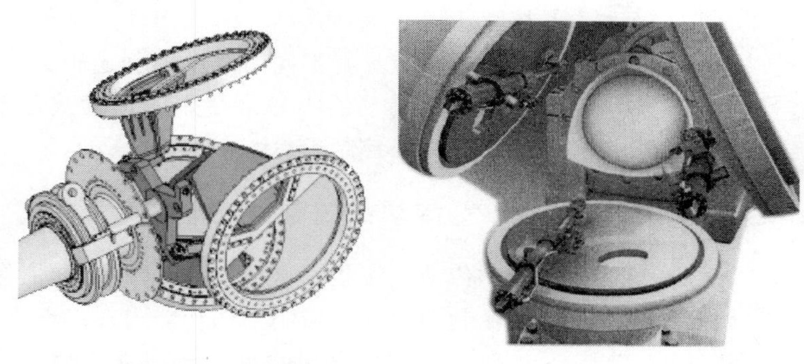

(a) 同步液压变桨距结构　　(b) 独立液压变桨距结构

图 6-1　液压变桨距机构

独立液压变桨距机构要求分别为每幅叶片的变桨距驱动机构提供相互独立的驱动力，对液压系统的结构和逻辑要求更高。通常做法是为每副叶片各配备一套彼此独立的液压系统。而同步液压变桨距机构则是所有叶片的变桨距机构共用同一液压驱动装置，将同一液压驱动力经同步机构均匀分配给各个叶片的变桨距驱动机构。

6.1.2　偏航阻尼与制动功能规划

偏航系统用于调整风轮的朝向，达到最大风能追踪和紧急避险功能。偏航系统在机舱的偏航和制动过程中均需利用制动装置，为偏航过程提供阻尼，为锁定机舱方向提供静摩擦力。偏航制动装置由制动盘、制动钳等部件构成，制动钳在液压缸推动下，使摩擦片与制动盘形成相互作用压力，由此形成的摩擦力为机舱偏航、机舱停转和风轮锁定提供阻尼力矩、制动力矩和静摩擦力距。

机舱和风轮体积大、重量大，绕塔架轴线的转动惯量较大，因此要根据风轮和机舱的转动惯量及所受到的空气动力距为偏航系统匹配一定数量的制动装置。制动装置在液压管路上相互并联，绕偏航制动盘周向均布，由统一的液压系统提供大小相等的液压驱动力，确保偏航制动过程稳定。图 6-2 为风力发电机组偏航系统的制动装置。

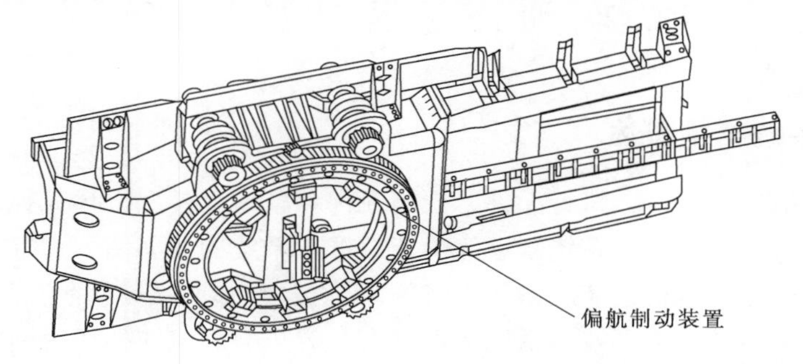

图 6-2　风力发电机组偏航系统的制动装置

偏航系统的制动装置分为常开、常闭两种结构。常开式制动装置在机舱静止或机舱停转时形成闭闸动作，要求液压系统长时间保压。常闭式制动装置在机舱开始旋转到形成制动之前形成开闸动作，要求液压系统频繁动作，提供短时持续压力。常开式和常闭式制动装置的动作原理不同，要求液压系统具有不同的液压控制逻辑。图 6-3 为风力发电机组偏航系统中最常使用的钳盘式制动装置，主要采用常闭液压控制逻辑。

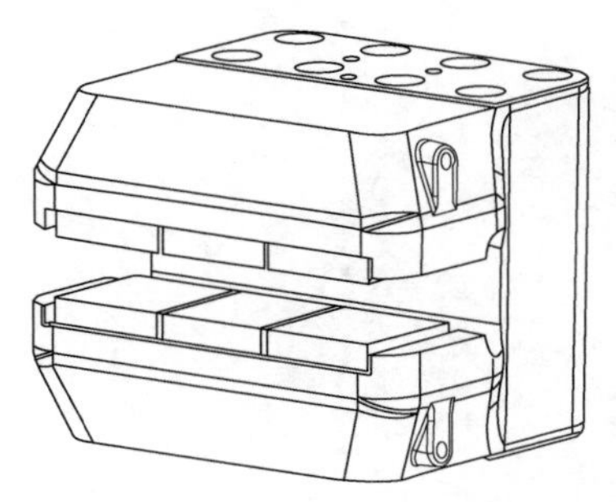

图 6-3 典型的钳盘式偏航制动器结构

6.1.3 传动系统制动功能规划

主传动系统也需要用到液压系统，依靠液压系统提供机械制动力，机械制动的功能包括以下方面：

(1) 风力发电机组处于停机状态时，为保证检修人员安全，用于限制风轮及主传动系统的转动。

(2) 风力发电机组检修时，需要通过手工扭动主传动系统机械制动盘，使风轮和主传动系统处于最佳检修位置。

(3) 风力发电机组处于极度危险状态，且风轮变桨距系统已丧失保护动作的执行功能时，主传动系统机械制动装置可作为阻止风力发电机组继续运行的最后保障。

主传动系统机械制动装置的特殊地位和作用，要求机械制动装置长期处于开闸状态，动作可靠。因此机械制动装置通常以液压系统作为动力来源，确保为其提供足够、可靠的动力，并在失电状态下可快速执行保护性动作（图 6-4）。

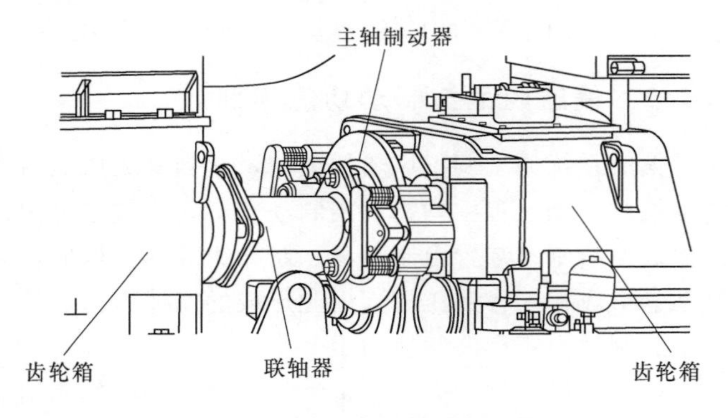

图 6-4 主传动系统机械制动装置

风力发电机组多个不同部件均利用液压系统提供动力，为了使整个风力发电机组结构更加紧凑，液压系统通常采用集成结构。

6.2 液压系统结构原理

6.2.1 液压系统结构概述

液压系统包括动力元件、执行元件、控制元件和辅助元件。上述元件协同动作，完成变桨距驱动、偏航制动、传动系统制动等功能。液压系统构成如图 6-5 所示。

动力元件是风力发电机组液压系统中将旋转机械能转换为液体的压力能的液压元件，该类元件在电动机的带动下向液压系统提供具有一定压力、流速的压力油。风力发电机组液压系统通常将油泵作为动力元件。油泵包括齿轮泵、叶片泵和柱塞泵等类型。风力发电

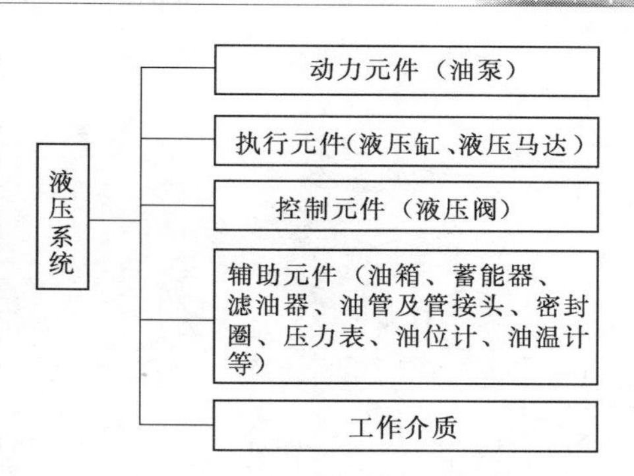

图 6-5 液压系统构成

机组液压系统采用结构紧凑、泵油压力在（190～210）×10^5 Pa 的齿轮泵。

执行元件是液压系统中将液压油的压力能转换为旋转动力或直线推动力的液压元件。执行元件主要有液压缸和液压马达。液压缸在液压油驱动下，使活塞往复直线运动，向液压系统提供直线方向的速度和推力；液压马达在液压油驱动下其输出轴绕轴线旋转运动，输出转速和转矩。风力发电机组中液压执行元件，根据液压变桨距机构、液压偏航阻尼机构、传动系统机械制动机构的结构原理确定，其中液压缸较为常用，除了能够提供往复的直线推拉作用外，还可通过曲柄—滑块机构将直线运动转换为旋转运动。

控制元件是液压系统中实现控制逻辑的液压元件，控制和调节液压油的压力、流量和方向。控制元件按控制对象分为压力控制阀、流量控制阀和方向控制阀三类，按控制方式分为开关控制、定值控制、比例控制三类。风力发电机组液压系统用节流阀、调整阀、分流集流阀等控制流量，用溢流阀、减压阀、顺序阀、压力继电器控制压力，用单向阀、液控单向阀、梭阀、换向阀等控制流向，同时由于风力发电机组液压系统控制逻辑复杂，需要上述控制元件综合使用。

辅助元件是液压系统中为液压油正常工作提供存储空间、品质保证和动力保障的辅助性液压元件，是所有油液储存装置、滤油装置、管路及密封装置、状态监测装置、温控装置和蓄能装置的总称。辅助元件在液压系统中发挥着重要作用，保证液压系统长期、可靠、持续运行，并在液压系统失去主要动力源时，仍然能够在短期内发挥保护功能，保证风力发电机组处于较安全状态。辅助元件包括油箱、蓄能器、滤油器、油管及管接头、密封圈、压力表、油位计、油温计等。

此外，液压油也是液压系统的重要组成部分，是传递能量的工作介质。液压油包括矿物油、乳化液和合成型液压油等多种类型，推荐使用黏度指数高、抗磨性能好、抗腐蚀、抗氧化性能好、空气释放性和分水性能以及低温性能优异的合成型液压油，例如美孚 SHC 524、壳牌 Tellus T 等。

6.2.2 风电液压系统结构与原理

风力发电机组的液压系统由两个压力保持回路构成，一个回路是由蓄能器供给主传动系统上的机械制动机构，另一个回路是由蓄能器供给偏航制动装置。此外，液压变桨距风力发电机组，要求液压系统提供一路液压压力驱动液压变桨距。图 6-6 所示为风力发电机组液压系统构成图。

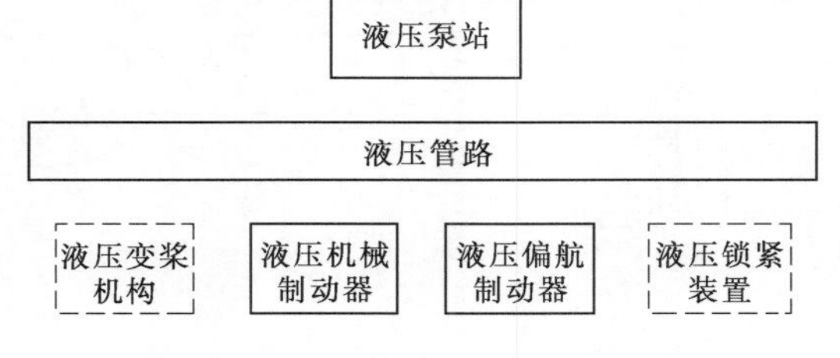

图 6-6 风力发电机组液压系统构成图

6.2.2.1 液压泵站

液压泵站是由液压泵、驱动电动机、

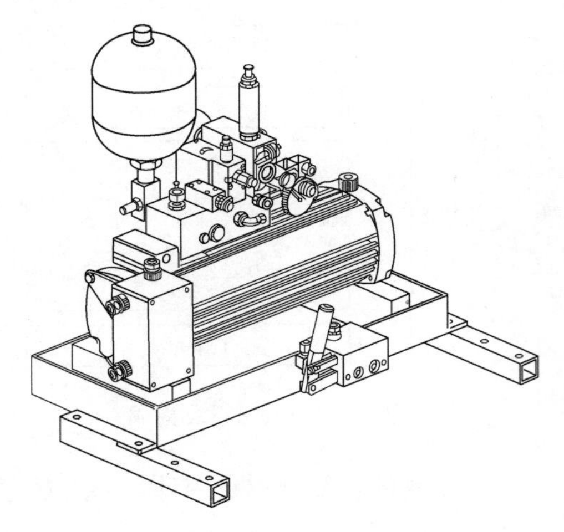

图 6-7　某型风力发电机组的液压站

油箱、方向阀、节流阀、溢流阀等构成的液压源装置或包括控制阀在内的液压装置。风力发电机组的液压泵站按照偏航、变桨距、锁紧、制动等装置要求提供一定流向、压力和流量的液体驱动压力。液压泵站的应用将风力发电机组的液压系统驱动装置与液压逻辑回路分离开来，再用油管将液压泵站与液压缸连接起来，从而实现液压系统结构的集成化和模块化。液压站由泵装置、集成块或阀组、油箱、电气盒等组成（图 6-7），各部件功能如下：

（1）泵装置。泵装置包括电动机和齿轮油泵，是液压站的动力源，将机械能转化为液压动力。

（2）集成块。集成块由液压阀及通道体组合而成，对液压油实行方向、压力、流量调节。

（3）阀组。阀组是安装于立板上的若干板式阀组合和连接，其功能与集成块功能相似。

（4）油箱。油箱是由钢板焊接成的半封闭容器，装有滤油网、空气滤清器等装置。

（5）电器盒。电器盒分两种形式：①设置外接引线的端子板；②配置了全套控制电器。

液压泵站的动力源是齿轮油泵，为变桨距回路、机械制动回路和偏航制动回路所共用。齿轮油泵安装在油箱油面以下，并由位于油箱上部的电动机驱动。齿轮油泵由压力传感器的信号控制运行和启停。当齿轮油泵停止运行时，由蓄能器维持系统工作压力，确保工作压力维持在设定范围 13～14.5MPa；当工作压力低于 13MPa 时，液压油泵启动运行，工作压力达到 14.5MPa 后，齿轮油泵停止运行。

齿轮油泵排出的油液先流经过滤器，以降低油液的被污染程度；经过滤的油液流经溢流阀，以防系统超压状态下油液持续进入回路；再经由单向阀防止非正常回油，而导致压力上不去；此后油液分别进入不同的液压回路，依靠电控系统控制完成变桨距、偏航制动、机械制动、风轮锁紧等逻辑动作。

6.2.2.2　液压缸

液压缸是液压系统的执行元件，是将输入的液压能转换为机械能的能量转换装置。液压缸可以很方便地获得直线往复运动，分别用于液压变桨距、液压偏航制动和液压机械制动，其规格、数量和参数取决于风力发电机组载荷大小、机构动作行程和角度范围。

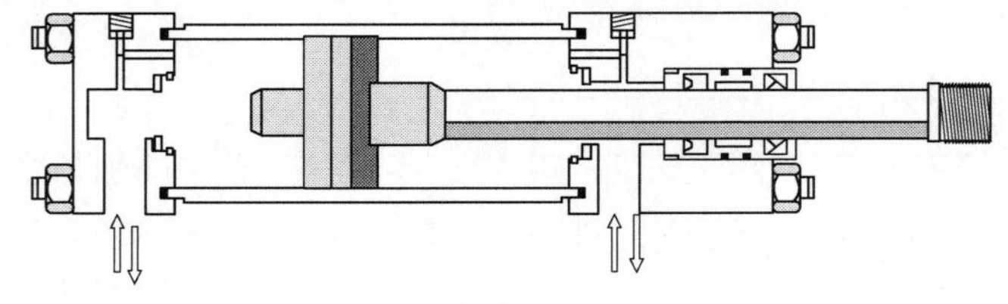

图 6-8　风力发电机组中常用的双作用单活塞杆液压缸

液压变桨距机构中的液压缸，一般采用差动连接的单活塞杆液压缸（图 6-8）。所谓差动连接是指把单活塞杆液压缸两腔连接起来，同时通入压力油。由于活塞两侧有效面积不相等，便产生推力差，在此推力差的作用下，活塞杆伸出，此时由杆腔排出的油液与泵供油一起流入无杆腔，增加了无杆腔的进油量，提高了无杆腔进油时活塞的运动速度。

液压机械制动与液压偏航制动均采用典型的钳盘式制动器。主传动系统的高速轴通常采用浮动钳盘式制动钳，钳体由弹簧拉动形成浮动，因此仅一侧装有液压缸，两侧摩擦片在单缸作用下同时压向制动盘。两类钳盘式制动钳的液压缸原理如图 6-9 所示。而偏航系统通常采用直动钳盘式制动钳，钳体固定不动，而液压缸分置于制动盘两侧，由跨越制动盘的钳内油道连通，在油压作用下两侧活塞驱动摩擦片同时压向制动盘。此外，液压偏航制动器的液压缸驱动形成两种动作状态，分别是闭合状态和半开状态，分别用于提供锁紧制动力和偏航阻尼力。

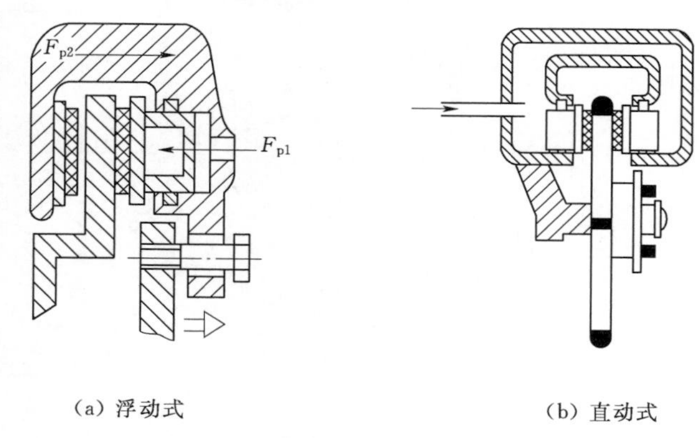

图 6-9 两类钳盘式制动钳的液压缸原理

6.2.2.3 蓄能装置

在风力发电机组液压系统中，蓄能器有两个主要作用：①平衡管路油压波动，利用其对液压管路内压力变化响应速度迅速的特性，保证机械制动、偏航制动、液压变桨距等多个液压缸同时动作时，管路压力下降而液压泵又无法及时供给和响应条件下的压力补充；②在风力发电机组瞬间失电状态下，液压泵拖动电机停止运行条件下实现紧急关桨和制动。通常，蓄能器的一次有效释放至少应满足液压缸一次满行程的压力和排量要求。

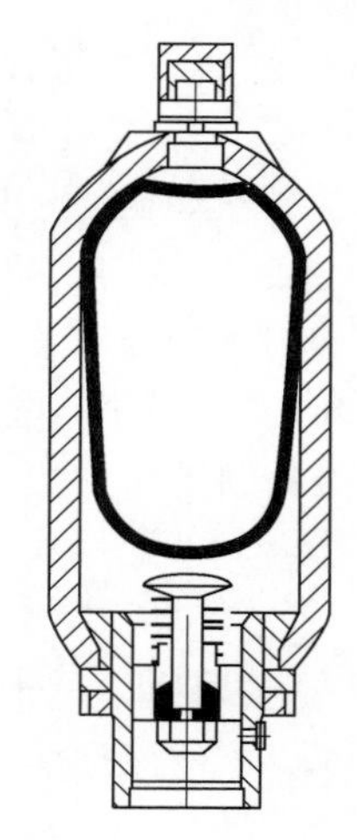

图 6-10 气囊式蓄能器结构

蓄能器包括重力势能式（重锤）、弹性势能式（弹簧）和气体压缩势能式（气囊）三类，风力发电机组主要采用气囊式蓄能器，其结构如图 6-10 所示。

气囊式蓄能器由罐体、气囊和油阀构成，囊内预充氮气、油阀关闭，以防气囊脱离。当液压管路内油液的工作压力高于气囊充气压力，则油阀打开，油液进入蓄能器；当气囊内气体压力达到最高工作压力，管路内的油液压力低于气囊内的气体压力，则油阀打开，蓄能器内的油液进入液压管路，对液压系统中的执行件做功。通过以上过程达到空气压缩势能的存储和释放，从而在电网停电、液压系统失去动力时，由蓄能器对液压系统提供后备动力来源。同时蓄能器还有调节和平衡液压系统压力的作用，使液压系统输出压力更加平稳。

6.2.3 风电液压系统案例解析

本书以风电某液压系统为例，讲解液压系统在风电机组中的作用机理。为了方便读者理解，将液压系统做了必要的简化，并拆解为独立的变桨回路、主轴制动回路、偏航制动和阻尼回路，如图 6-11 所示。

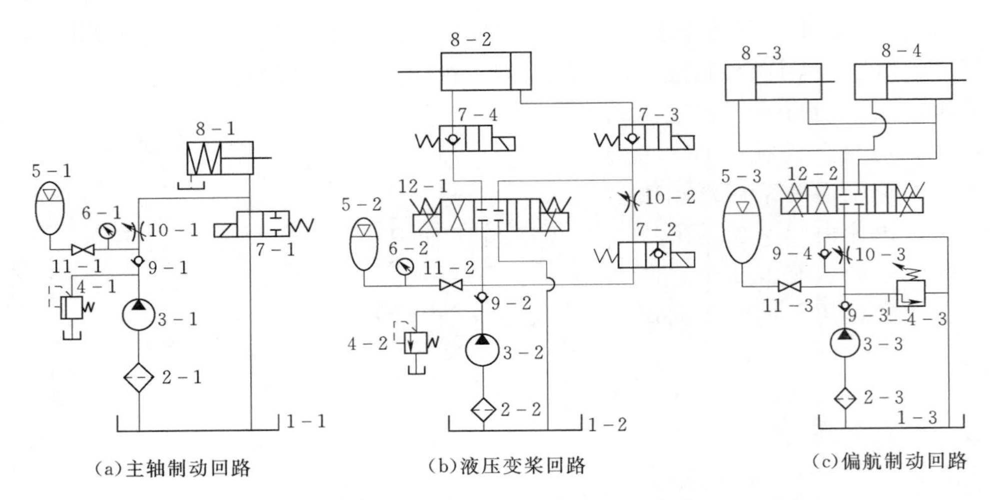

(a)主轴制动回路　(b)液压变桨回路　(c)偏航制动回路

图6-11　液压变桨距风力发电机组液压系统各回路拆解图

1-1、1-2、1-3—油箱；2-1、2-2、2-3—过滤器；3-1、3-2、3-3—液压泵；4-1、4-2、4-3—溢流阀；5-1、5-2、5-3—蓄能器；6-1、6-2—压力表；7-1、7-2、7-3、7-4—二位二通电磁阀；8-1、8-2、8-3、8-4—液压缸；9-1、9-2、9-3、9-4—单向阀；10-1、10-2、10-3—节流阀；11-1、11-2、11-3—截止阀；12-1、12-12—三位四通电磁阀

1. 主轴制动回路

图6-11（a）为简化的主轴制动回路。液压泵3-1为主轴制动回路提供动力，将油液从油箱1-1中输入到回路，并由过滤器2-1滤掉油液中的杂质。单向阀9-1防止油液逆向流动，以保持制动器液压缸的压力。节流阀10-1用于调节制动器的液压缸8-1的活塞杆的运动速度；电磁阀7-1为二位二通电磁阀，用于控制回路内油液的流向。电磁阀7-1导通状态下，油液经由二位二通电磁阀7-1直接流回油箱，单作用液压缸8-1的活塞杆在弹簧作用下复位，主轴制动器的制动钳松开；二位二通电磁阀7-1截止状态下，油液进入单作用液压缸8-1右侧，推动活塞杆向左运动，主轴制动器的制动钳加紧，从而为主轴提供制动力矩。

2. 液压变桨回路

图6-11（b）为简化的液压变桨回路。液压泵3-2为液压变桨回路提供动力，从油箱1-2中吸取油液，并经由过滤器2-2过滤掉油中杂质；单向阀9-2可防止油液回流，确保叶片达到指定桨距角后保持位置固定；节流阀10-2用于调节回路内油液的流量，从而调节叶片的变桨速率；电磁阀7-2、电磁阀7-3、电磁阀7-4和电磁阀12-1在变桨控制系统联合作用下调节回路中油液的流向，控制叶片绕轴线顺时针和逆时针旋转，从而实现开桨和关桨；其中电磁阀12-1为三位四通电磁阀，可用于调节液压缸的活塞杆运动速率和作用力大小。液压缸8-2为双作用液压缸，通过回路中油液的流向变换使液压缸推杆前进和后退；变桨回路中安装了气体隔离式蓄能器5-2，可以使回路中的油液动力稳定，并使机组掉电情况下代替液压泵，为快速关桨提供动力。蓄能器5-2通过截止阀11-2连接到变桨回路，以便于蓄能器的拆卸和维修。

3. 偏航制动回路

图6-11（c）为简化的偏航制动回路。液压泵3-3为偏航制动回路提供动力，从油

箱 1-3 中吸取油液到回路中，并经由过滤器 2-3 去除油液中的杂质。单向阀 9-4 和节流阀 10-3 并联构成单向节流阀。单向节流阀保证了制动器液压缸 8-3 和 8-4 的活塞杆向右运动的速率和推力可调，即制动钳的作用速度和向制动盘提供的阻尼力可调，使偏航过程始终处于受控状态。单向阀 9-3 则可以防止油液回流，起到保持回路压力的作业。电磁阀 12-2 为三位四通电磁阀，用于控制液压缸活塞杆处于向左运动、向右运动、保持固定三种不同状态，并控制液压缸活塞杆的动作速度和作用力。

此外，图 6-11 所示三个不同回路中分别配有溢流阀 4-1、4-2、4-3，用于保证回路中压力恒定和安全。

6.3 液压系统设计方法

液压系统设计包括明确设计要求、工况分析、确定液压系统主要参数、拟定液压系统原理图、计算和选择液压件以及验算液压系统性能等。

6.3.1 设计要求及工况分析

6.3.1.1 设计要求

首先根据风力发电机组中变桨距、偏航、机械制动的动作要求，确定执行元件的工作循环，并确定各个工作循环中液压执行元件所需满足的行程、速度和推力等参数。某型风力发电机组的工作循环主要包括：正常开桨、正常关桨、快速关桨、偏航阻尼、偏航制动、机械制动等，各工作循环对液压执行元件的性能参数和性能要求，如表 6-1 所示。

表 6-1 液压系统工作循环的性能参数

序号	工作循环	行程/mm	速度/$(\mathrm{m \cdot s^{-1}})$	推力/N
1	正常开桨	L_{PP}	V_{PP}	F_{PP}
2	正常关桨	L_{PC}	V_{PC}	F_{PC}
3	快速关桨	L_{PQ}	V_{PQ}	F_{PQ}
4	偏航阻尼	L_{YS}	V_{YS}	F_{YS}
5	偏航制动	L_{YB}	V_{YB}	F_{YB}
6	机械制动	L_{MB}	V_{MB}	F_{MB}
7	松开制动	L_{RB}	V_{RB}	F_{RB}

表 6-1 中，$L_{PP}=L_{PC}$、$V_{PP}=V_{PC}$、$L_{YS}=L_{YB}$、$V_{YS}=V_{YB}$、$L_{MB}=L_{RB}$、$V_{MB}=V_{RB}$，$V_{PP}<V_{PQ}$、$F_{YS}<F_{YB}$。同时要考虑液压系统的沿程压力损失和机械阻尼影响，液压执行元件选为液压缸。

6.3.1.2 负载与运动分析

风力发电机组液压系统所要承受的负荷不仅包括工作负荷，还包括摩擦负荷、惯性负荷、重力负荷、密封负荷、背压负荷等负荷形式。综合考虑上述负荷，下面分别从变桨距系统、偏航系统和主传动系统等角度，分析风力发电机组液压系统的负载情况。

1. 液压变桨距装置的负载

液压变桨距系统需要克服的变桨距负荷，要根据叶片的叶根载荷及变桨距机构进行计算。图3-24为典型的液压同步变桨距机构，其中选用液压缸作为驱动元件，变桨距机构设计成偏心曲柄滑块机构。水平运动的液压缸活塞杆与同步盘连接，同步盘则与三组偏心曲柄滑块机构（图中只画一组）相连，分别驱动三个叶片同步旋转。液压变桨距机构的工作原理如图3-25所示，根据该图计算得到液压变桨距装置的负载。

根据三个叶片的最大驱动力矩得到最大变桨距驱动力 F_D 为

$$F_D=\frac{3M_D}{h} \tag{6-1}$$

液压驱动力 F 为

$$F=\frac{F_D}{\eta_D} \tag{6-2}$$

$$\eta_D=1-\left\{\frac{h^2+l^2-[h\cos\varphi_1+\sqrt{l^2-(h\sin\varphi-e)^2}]^2-e^2}{2hl}\right\}^2\times\sqrt{1-\left(\frac{|h\sin\varphi-e|}{l}\right)^2} \tag{6-3}$$

由式（6-3）可知，偏心曲柄滑块机构确定后，η_D 是 φ 的函数，在式（6-3）中，η_D 应取最小值。表6-1中正常开桨、正常关桨和快速关桨时液压缸的负载均应小于 F_D。

2. 液压偏航制动装置的负载

偏航过程运动平衡方程式为

$$M_D+M_W+M_{zr}-F_{yr}x_R+M_M+M_R+M_K=J_W\frac{d\omega_W}{dt} \tag{6-4}$$

那么作用在偏航制动盘上的机械制动力矩 M_M 满足

$$M_M\leqslant J_W\frac{d\omega_W}{dt}-M_D-M_W-M_{zr}+F_{yr}x_R-M_R-M_K \tag{6-5}$$

式中　M_W——作用在机舱上的空气动力所产生的力矩，N·m；

M_M——机械制动力矩，N·m；

M_R——回转轴承上的摩擦力矩，N·m；

M_K——回转效应（陀螺效应）所产生的力矩，N·m；

M_{zr}——风轮上 z 轴的力矩，N·m；

F_{yr}——风轮上 y 轴向力，N；

J_W——偏航轴上的转动惯量，kg·m²；

ω_W——偏航角速度，rad/s。

式（6-4）左侧各项力矩之和大于零，机舱做偏航运动；偏航制动力矩绝对值逐渐增大，逐步使机舱趋向稳定旋转或静止。偏航制动力矩绝对值的最大值，取决于风轮的偏角、风速及偏航驱动器的功率、数量和布置。

在偏航制动力矩已知的条件下，根据钳闸式制动器的制动力矩计算公式，可求得制动器液压缸的负载 F 为

$$F\geqslant\frac{J_W\frac{d\omega_W}{dt}-M_D-M_W-M_z+F_yx_R-M_R-M_K}{-2\mu R_0n_0} \tag{6-6}$$

式中 μ——摩擦系数，设计计算中一般取 $\mu=0.4$；

F——制动器单侧闸体对制动盘的压紧力，N；

R_0——制动力臂，m；

n_0——制动器数。

由式（6-6）可知，钳闸式制动器液压缸的设计负荷取决于最大偏航加速度、偏航制动器制动钳数量、制动盘摩擦角、机舱气动外形、偏航驱动力矩、设计风速等因素。

3. 主传动机械制动装置的负载

主传动系统负载是机械制动装置施加于高速轴或低速轴上的制动力，极值可根据关机过程运动方程计算，即满足

$$M_W+M_M+M_E=J\frac{d\omega}{dt} \tag{6-7}$$

式中 M_W——折算到机械制动轴上的空气动力矩，N·m；

M_M——机械制动力矩，N·m；

M_E——折算到机械制动轴上的发电机电磁力矩，N·m；

J——折算到机械制动轴上的等效转动惯量，kg·m^2；

ω——机械制动轴转动角速度，rad/s。

则要求

$$M_M\leqslant J\frac{d\omega}{dt}-M_E-M_W \tag{6-8}$$

式（6-8）中，制动力矩为负值。当额定发电机掉电且叶片收桨失效状态下，要求主传动系统在最大角加速度制动条件下，机械制动力矩取极大值。此时，钳闸式制动器液压缸的负载可由制动力矩计算公式获得，那么

$$F\geqslant\frac{J\dfrac{d\omega}{dt}-M_E-M_W}{-2\mu R_0 n_0} \tag{6-9}$$

式中 μ——摩擦系数，设计计算中一般取 $\mu=0.4$；

F——制动器单侧闸体对制动盘的压紧力，N；

R_0——制动力臂，m；

n_0——制动器数。

4. 运动时间

运动时间是指从液压执行元件的某一动作开始到结束所用时间。风力发电机组的运动时间包括正常开桨时间 t_{PP}、正常关桨时间 t_{PC}、快速关桨时间 t_{PQ}、偏航制动响应时间 t_{YB}、主传动系统机械制动响应时间 t_{MB}。不同风力发电机组的液压机构原理和液压元件规格存在差异，因此运动时间也不尽相同，但主要取决于液压机构的几何尺度和被驱动部件的质量及惯性性能。IEC 等标准中并未明确规定。

根据风力发电机组中各液压缸在其工作循环内的负载和运动时间，即可绘制出负载循环图 F—t 和速度循环图 v—t。

6.3.2 液压系统参数设计

6.3.2.1 初选液压缸工作压力

上述风力发电机组液压系统所受的负载，要求液压缸对外必须提供相应的推力。实际情况是液压缸工作过程中会造成液体压缩、机械摩擦等能量损耗，使其机械效率 $\eta_{cm}<1$，因此液压缸的实际推力 F_s 应大于设计负载 F，即 $F_s=F/\eta_{cm}$。

为了提供实际推力 F_s，初步选择液压缸的工作压力 p_s。液压缸的工作压力可根据风力发电机组的负载情况选择，可参考表 6-2。各种机械常用的系统工作压力如表 6-3 所示。

表 6-2　按负载选择工作压力

负载/kN	<5	5～10	10～20	20～30	30～50	>50
工作压力/MPa	<0.8～1	1.5～2	2.5～3	3～4	4～5	≥5

表 6-3　各种机械常用的系统工作压力

机械类型	机床	农业机械、小型工程机械、建筑机械	大中型工程机械、重型机械、起重运输机械
工作压力/MPa	0.8～10	10～18	20～32

通常，大型风力发电机组的液压缸工作压力 p_s 可初选为 10～18MPa。此外，若选用单活塞杆液压缸，一般有杆腔会存在一定背压力 p_k，其数值可参考表 6-4 进行选择。

表 6-4　执行元件背压力

系统类型	背压力/MPa	系统类型	背压力/MPa
简单系统或轻载节流调速系统	0.2～0.5	用补油泵的闭式回路	0.8～1.5
回油路带调速阀的系统	0.4～0.6	回油路较复杂的工程机械	1.2～3
回油路设置有背压阀的系统	0.5～1.5	回油路较短且直接回油	可忽略不计

6.3.2.2 计算液压缸主要尺寸

根据液压变桨距机构的最大行程、偏航制动行程、主传动系统制动行程，确定变桨距液压缸、偏航制动器液压缸以及主传动系统制动器液压缸的主要尺寸，包括液压缸的活塞行程 L 和活塞直径 D 等。一般要求液压缸活塞的最大行程 L 必须大于液压执行元件的工作行程。活塞直径 D 则根据液压缸的工作压力 p_s 和设计负载 F 计算

$$p_sA_1-p_kA_2=\frac{F}{\eta_{cm}},A_1=\frac{\pi}{4}D^2,A_2=\frac{\pi}{4}D^2-\frac{\pi}{4}d^2 \tag{6-10}$$

式中　A_1——无杆腔空腔截面积，m^2；

A_2——有杆腔空腔截面积，m^2。

那么液压缸内活塞直径为

$$D=2\sqrt{\frac{F}{\pi p_s\eta_{cm}\left\{p_s-p_k\left[1-\left(\frac{d}{D}\right)^2\right]\right\}}} \tag{6-11}$$

式（6-11）中 d/D 为单活塞杆液压缸的活塞杆直径 d 与活塞直径 D 的比值，可根据

液压缸的工作压力 p_s 确定，其数值可根据表 6－5 初步选取。

表 6－5　按工作压力选取 d/D

工作压力/MPa	≤5.0	5.0～7.0	≥7.0
d/D	0.50～0.55	0.62～0.70	0.7

此外，d/D 也可根据液压缸往复速比来初步选定 v_2/v_1。往复速比是有杆腔进油时活塞速率 v_2 与无杆腔进油时活塞速率 v_1 的比值。表 6－6 是不同速比下的 d/D 推荐值。

表 6－6　按速比要求确定 d/D

v_2/v_1	1.15	1.25	1.33	1.46	1.61	2
d/D	0.3	0.4	0.5	0.55	0.62	0.71

注：1. v_1 为无杆腔进油时活塞运动速度。
2. v_2 为有杆腔进油时活塞运动速度。

根据式（6－10）和式（6－11）计算变桨距机构液压缸、偏航制动器液压缸、机械制动器液压缸的设计负载、活塞最大行程和活塞直径，由此初步估算各个液压缸完成一次工作所需的油液体积。

6.3.3　拟定液压系统原理图

液压系统分为开式油路系统和闭式油路系统。开式油路系统是指液压泵从油箱泵油，油液经回路最终返回油箱；闭式油路系统是指液压泵的进油口与执行元件的回油管相连，油液不经由油箱。闭式油路系统在工业领域应用较少，通常用于功率比高、体积小的工程装备。风力发电机组的机舱空间较大，对液压系统工作压力要求不高，通常采用开式液压系统。本书仍以图 6－11 所示某型风力发电机组液压系统为例，阐述液压系统原理图的拟定方法。

6.3.3.1　基本回路的设计和选择

根据执行元件选择和设计风力发电机组液压系统中的基本回路。基本回路主要包括换向回路、调压回路、减压回路、锁紧回路和卸荷回路。

（1）调压回路。用于调节液压系统的最大工作压力，图 6－11 中溢流阀 4－1、4－2 和 4－3 预先设定了回路的最大工作压力；当压力超过阈值时，溢流阀打开，部分油液回到油箱。

（2）锁紧回路。为了使执行元件在任意位置上停留，液压回路原理是将执行元件的进、回油路封闭。为了保持叶片攻角，变桨距液压缸两侧油腔形成锁紧回路，图 6－11 中利用了单向阀 9－1、9－2 和 9－3 实现回路锁紧，同时三位四通电磁阀 12－1、12－2 和二位二通电磁阀 7－1、7－2、7－3 和 7－4 也有锁紧功能。

（3）换向回路。用来变换执行元件的运动方向，常采用换向阀来实现。图 6－11 中采用电磁阀 7－1、12－1 和 12－2 实现开桨和关桨过程的液压缸活塞运动换向。

（4）卸荷回路。液压系统工作中，有时执行元件需要在保压条件下短时间停止工作或缓慢运动，不需要液压泵输出油液，或仅需要很小流量的液压油；卸荷回路可使液压泵输出的压力油全部或绝大部分从溢流阀流回油箱。如图 6－11 所示，当变桨距机构和制动装置需要在保压条件下维持液压缸静止，则液压泵3－1、3－2、3－3向蓄能器5－1、5－2、5－3充压直至蓄能器达到最大压力，一旦压力超过阈值则油液分别经由溢流阀4－1、4－2和4－3进行压力卸荷。

（5）减压回路。当液压系统中存在多个工作压力不同的液压缸时，要通过减压回路将油液压力降低到各个液压缸的工作压力。如图6－11所示，通过节流阀10－1、10－2和10－3分别使回路内的压力降到机械制动器所需的液压缸工作压力。

6.3.3.2　液压回路设计综合

以图6－11为例，阐述液压回路设计的综合方法。

1. 变桨距液压回路

液压变桨距控制机构是一种电液伺服系统，变桨距液压执行机构是桨叶通过机械连杆机构与液压缸相连接，桨距角的变化同液压缸位移基本成正比，因此桨距角控制可由比例阀实现。发自控制系统的桨距角控制指令转换成比例阀的输出流量的方向和大小。变距油缸按比例阀输出的方向和流量操纵叶片节距在－5°～90°之间运动。在比例阀到油箱的回路上安装有单向阀9－2。该单向阀确保比例阀T口上始终保持一定压力，避免比例阀阻尼室内的阻尼“消失”导致该阀不稳定而产生振动。

（1）液压系统在运转/缓停工况下的运行描述。二位二通电磁阀7－4通电后，三位四通电磁阀12－1的P口得到来自液压泵3－2和蓄能器5－2的压力。变桨距液压缸的左端与三位四通电磁阀12－1的A口相连。二位二通电磁阀7－3通电后，变桨距油缸后端与三位四通电磁阀12－1的B口连接。将三位四通电磁阀12－1通电到“直接”（P－A，B－T）时，油液即通过二位二通电磁阀7－4传送P－A到液压缸的前端。液压缸的活塞向右移动，从而使叶片桨距角向－5°方向调节，油液从液压缸右端通过二位二通电磁阀7－3和三位四通电磁阀12－1（B口至T口）回流到油箱。

把三位四通电磁阀12－1通电到“跨接”（P－B，A－T）时，压力油通过二位二通电磁阀7－3传送P－B进入油缸后端，液压缸活塞向左移动，使得叶片桨距角向＋90°方向调节，油从液压缸左端通过二位二通电磁阀7－4回流到油箱。由于右端活塞面积大于左端活塞面积，活塞右端压力高于左端的压力，从而能使活塞向前移动。

（2）液压系统在停机/紧急停工况下的运行描述。停机指令发出后，三位四通电磁阀12－1通电到“跨接”（P－B，A－T），油从蓄能器5－2和液压泵3－2通过二位二通电磁阀7－2和节流阀10－2及二位二通电磁阀7－3传送到油液压缸右端。液压缸左端通过二位二通电磁阀7－4和三位四通电磁阀12－1的A－T通道排放到油箱，使得叶片桨距角回到＋90°机械端点。紧急停机位时，液压泵3－2很快断开，关桨动力仅由蓄能器5－2提供。为防止紧急停机时蓄能器内的油量不足以完成变桨距液压缸的一次完整行程，在实际工程中，液压缸右端由两部分油液驱动：一部分来自液压缸左端到右端的循环油；另一部分油则来自于蓄能器，两路油液形成差动回路，使紧急关桨速度控制到约9°/s。

2. 主轴制动液压回路

液压泵3－1通过调速阀10－1向主轴制动器液压缸的左端输入压力油，由油液推动液压缸活塞杆向左运动，并由弹簧推动活塞杆向右运动。二位二通电磁阀7－1用于控制回路内油液的流向。为了确保在液压泵3－1失去压力的情况下主轴制动器正常工作，额

外增加了蓄能器 5－1，并在蓄能器 5－1 与油箱之间安装了单向阀 9－1，防止蓄能器动作时油液回流到油箱。在蓄能器 5－1 压力低于制动回路压力时，油液流向蓄能器 5－1，完成蓄能；当制动回路压力低于蓄能器内的油液压力时，蓄能器向回路中补充高压油液。上述过程用于稳定制动回路内的油液压力。

（1）液压系统在机组运行/停机的运行描述。风力发电机组控制系统发出开机指令后，二位二通电磁阀 7－1 通电，主轴制动器的制动钳液压缸排油到油箱，机械刹车被释放。风力发电机组控制系统发出停机指令后，二位二通电磁阀 7－2 失电截止，来自蓄能器 5－1 和节流阀 10－1 的压力油进入主轴制动器的液压缸右端，实现停机时的机械制动。近年来，机械制动器已很少用于传动系统制动，仅在停机状态下用于锁定传动系统，防止其不受控制地随意转动。

（2）液压系统在机组紧急停机的运行描述。当风力发电机组控制系统发出紧急停机指令后，二位二通电磁阀 7－2 失电截止，蓄能器 5－1 将压力油通过节流阀 10－1 进入机械制动器制动钳液压缸。机械制动器的液压缸动作速度由节流阀 10－1 控制。

6.3.4 计算和选择液压件

6.3.4.1 选择液压泵及电动机

统计风力发电机组液压系统中各个液压缸在各自工作循环的压力、流量和功率，初步估算出液压泵的主要参数。液压泵的最大工作压力 p_{P} 计算公式为

$$p_{\mathrm{P}} \geqslant p_{\mathrm{s}} + \sum \Delta p \tag{6-12}$$

式中 $\sum \Delta p$——液压系统中的压力损失，Pa；

p_{s}——取液压系统中工作压力最大的液压缸压力，Pa。

液压泵的最大流量 q_{vmax} 的计算公式为

$$q_{\mathrm{vmax}} \geqslant K \sum q_{\mathrm{vmax}} \tag{6-13}$$

式中 K——液压系统的泄漏系数，一般取 1.1～1.3；

$\sum q_{\mathrm{vmax}}$——同时动作的液压缸或液压马达的最大总流量，$\mathrm{m^3/s}$。

液压泵需要电机驱动，电机功率 P 的计算公式为

$$P = \frac{p_{\mathrm{P}} q_{\mathrm{vP}}}{\eta_{\mathrm{P}}} \tag{6-14}$$

式中 η_{P}——液压泵的总效率。

6.3.4.2 选择液压控制阀

风力发电机组是运行于数十米高空的发电设备，其液压系统的检修和维护难度较大，液压控制阀的安装空间有限，且所有液压控制阀集中安装，要求液压控制阀有较高的可靠性和稳定性，必须杜绝泄漏现象。

此外，选择各种液压控制阀时，还要充分考虑压力、流量、工作方式、连接方式、节流特性、控制性、油口尺寸、外形尺寸等。液压控制阀的容量要参考生产厂商样本上的最大流量及压力损失值来确定。

同时要估算在某一流量下的液压控制阀的压力损失，其计算公式为

$$\Delta p = \Delta p_{\mathrm{r}} \left(\frac{q_{\mathrm{v}}}{q_{\mathrm{vr}}} \right)^2 \tag{6-15}$$

式中　Δp——流量为 q_v 时的压力损失，Pa；

Δp_r——额定流量 q_{vr}时的压力损失，Pa。

6.3.4.3　选择蓄能器

蓄能器通常作为液压缸短时间快速运动时的补充动力来源。由蓄能器补充供油时的有效工作容积 ΔV，其计算公式为

$$\Delta V = \sum_{i=1}^{Z} A_i l_i K - q_{vP} t \tag{6-16}$$

式中　A_i——液压系统中某一液压缸的有效作用面积，m^2；

l_i——液压系统中某一液压缸的工作行程，m；

Z——液压系统中液压缸的总数；

K——液压系统中的油液泄漏系数，一般取 1.2；

q_{vP}——液压系统中液压泵的流量，m^3/s；

t——液压缸动作时间，s。

通常情况下，风力发电机组液压系统中的蓄能器主要用于机组失电情况下的应急能源，完成紧急关桨和制动。此时，液压泵的拖动电动机已停止运行，蓄能器必须保证紧急关桨和制动任务的完成。因此蓄能器的有效工作容积应为

$$\Delta V = \sum_{i=1}^{Z} A_i l_i K \tag{6-17}$$

蓄能器容积的计算公式为

$$V_0 = \frac{\Delta V \left(\frac{p_1}{p_0}\right)^{\frac{1}{n}}}{1 - \left(\frac{p_1}{p_2}\right)^{\frac{1}{n}}} \tag{6-18}$$

式中　V_0——蓄能器的容积，m^3；

ΔV——蓄能器的有效工作容积，m^3；

p_0——充气压力（按 $0.9p_1 > p_0 > 0.25$，p_2 充气），Pa；

p_1——液压系统最低压力，Pa；

p_2——液压系统最高压力，Pa；

n——指数，等温过程取 $n=1$，绝热过程取 $n=1.4$。

根据蓄能器的容积及液压系统的工作压力即可选定蓄能器。

6.3.4.4　选择管路

管路是连接液压系统中各个元件的油液通道，质量和规格直接关系到液压系统的可靠性。管路主参数——管道内径 d 的计算公式为

$$d = \sqrt{\frac{4q_v}{\pi v}} \tag{6-19}$$

式中　q_v——通过管道内的流量，m^3/s；

v——管道内的允许流速，m/s。

根据管道内径 d 从标准系列中选取标准液压管，管道壁厚 δ 的计算公式为

$$\delta=\frac{pd}{2[\sigma]} \tag{6-20}$$

式中 p——对应管段内最高工作压力，Pa；

d——管道内径，m；

$[\sigma]$——液压管材料的许用应力，Pa。

许用应力 $[\sigma]$ 应在液压管材料的理论抗拉强度基础上，根据液压管承受的工作压力、工况条件取一定安全系数，即

$$[\sigma]=\frac{\sigma_b}{n} \tag{6-21}$$

式中 σ_b——液压管材料的抗拉强度，Pa；

n——安全系数。

通常，钢质液压管的安全系数主要根据液压系统的工作压力来选取。若 $P<7\text{MPa}$，则 $n=8$；若 $P<17.5\text{MPa}$，则 $n=6$；若 $P>17.5\text{MPa}$，则 $n=4$。

6.3.4.5 设计油箱

风力发电机组液压系统的油箱容量根据经验公式初步设计和计算，并在液压系统设计完成后，根据散热要求进行校核。油箱容量的经验计算公式为

$$V=aq_v \tag{6-22}$$

式中 q_v——液压泵每分钟排油容积，m^3；

a——经验系数。

经验系数 a 的取值视液压系统的类型和应用场合而有所不同，风力发电机组液压系统属典型的中高压系统，经验系数 $a=5\sim10$。

根据式（6-22）初算油箱容积时，要考虑以下方面问题：

（1）满足系统供油要求。

（2）保证执行元件内油液排空时，油箱不能溢出。

（3）液压系统管路及执行元件中最大限度充油，油箱油位不低于最低油位阈值。

6.3.5 液压系统性能校验

6.3.5.1 压力损失校验

液压系统的总压力损失由三部分构成，分别是沿程阻力损失、局部压力损失和阀类元件的局部损失。沿程阻力损失是油液克服管路内部摩擦阻力而形成的压力损失；局部压力损失是油液在管路突变处由流体惯性产生的压力损失；阀类元件的局部损失是油液在阀类元件调压、调速、调向、通止、转换等过程所产生的压力损失。

压力损失计算公式为

$$\Delta p=\Delta p_1+\Delta p_2+\Delta p_3 \tag{6-23}$$

其中

$$\Delta p_1=\lambda\frac{l}{d}\frac{v^2}{2}\rho \tag{6-24}$$

$$\Delta p_2=\zeta\frac{v^2}{2}\rho \tag{6-25}$$

$$\Delta p_3=\Delta p_N\left(\frac{q_v}{q_{vN}}\right)^2 \tag{6-26}$$

式中　Δp——液压系统的总压力损失，Pa；

Δp_1——沿程阻力损失，Pa；

Δp_2——局部压力损失，Pa；

Δp_3——阀类元件的局部损失，Pa；

l——管道的长度，m；

d——管道内径，m；

v——油液的平均速度，m/s；

ρ——油液的密度，kg/m^3；

λ——沿程阻力系数；

ζ——局部阻力系数；

q_{vN}——阀的额定流量，m^3/s；

q_v——通过阀的实际流量，m^3/s；

Δp_N——阀的额定压力损失，Pa。

风力发电机组液压系统由于油液的流体阻力、管路弯转及液压元件的频繁动作，正常运行时均存在一定程度的压力损失，但液压损失必须保证液压变桨距、偏航制动、机械制动等功能的有效完成。

6.3.5.2　效率校验

系统的效率是指执行器的输出功率与液压泵的输出功率之比，即

$$\eta=\frac{P_A}{p_P q_{vP}} \tag{6-27}$$

式中　η——液压系统效率；

P_A——液压缸的输出功率，W；

p_P——液压泵的输出压力，N；

q_{vP}——液压泵的输出流量，m^3/s。

液压传动的总效率是指执行期的输出功率与液压泵的输入功率之比，即

$$\eta_t=\frac{P_A}{P_P} \tag{6-28}$$

式中　η_t——液压传动的总效率；

P_P——液压泵轴功率，W。

6.3.5.3　发热校验

液压系统中的多数能量损失是以发热形式损失掉的，为此需要校验液压系统的发热情况，从而为其配置合理的散热方案。液压系统中的热量主要来自于液压泵、液压执行元件、溢流阀，此外，流经管路及其他阀体也会产生热量。

液压泵的发热功率 P_{h1} 为

$$P_{h1}=\frac{1}{T_t}\sum_{i=1}^{z}P_{ri}(1-\eta_{Pi})t_i \tag{6-29}$$

式中　T_t——工作循环周期，s；

z——投入工作液压泵的台数；

P_{ri}——第 i 台液压泵的输入功率，W；

η_{Pi}——第 i 台液压泵的总效率；

t_i——第 i 台液压泵工作时间，s。

液压执行元件的功率损失为

$$P_{h2}=\frac{1}{T_t}\sum_{j=1}^{M}P_{rj}(1-\eta_j)t_j \tag{6-30}$$

式中 M——液压执行元件的数量；

P_{rj}——液压执行元件的输入功率，W；

η_j——液压执行元件的效率；

t_j——第 j 个执行元件工作时间，s。

溢流阀的功率损失为

$$P_{h3}=p_y q_{vy} \tag{6-31}$$

式中 p_y——溢流阀的调整压力，Pa；

q_{vy}——经溢流阀流回油箱的流量，m^3/s。

油液流经阀或管路的功率损失为

$$P_{h4}=\Delta p q_v \tag{6-32}$$

式中 Δp——通过阀或管路的压力损失，Pa；

q_v——通过阀或管路的流量，m^3/s。

得出液压系统的发热功率为

$$P_{hr}=P_{h1}+P_{h2}+P_{h3}+P_{h4} \tag{6-33}$$

6.4 制动装置选型与设计

6.4.1 制动装置结构和原理

制动装置通常采用摩擦制动原理，利用非旋转元件与旋转元件之间的相互摩擦来阻止转动或转动的趋势。常用的钳盘式制动器结构如图 6-12 所示，由制动盘和制动钳组成。

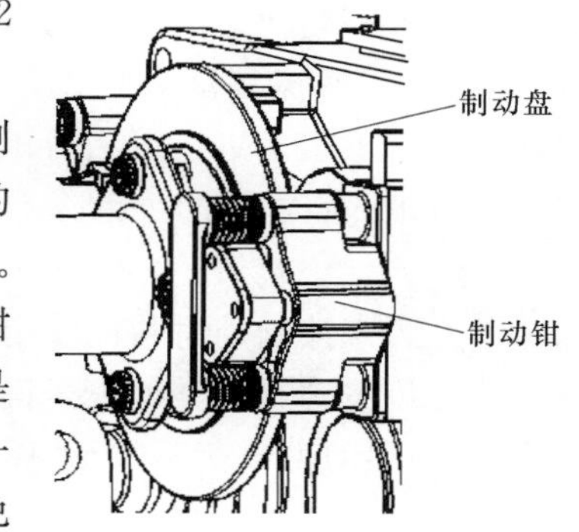

图 6-12 机械制动装置外形

制动盘为具有一定热容量、散热性良好的耐磨材料制成，常用材料包括灰铸铁、球墨铸铁或添加 Cr、Ni 等的合金铸铁。制动盘与制动钳相互作用产生摩擦制动力矩。为了提高摩擦制动效果，制动钳上要镶嵌摩擦片，制动钳带动摩擦片按压于制动盘，形成摩擦制动力矩。摩擦片是一种以高性能粉末冶金材料为基材，由树脂材料黏结在一起，再经过压轧、磨制等工艺制作而成的零件。为了避免钳盘式制动器产生额外的轴向力，要求制动盘两侧均受到制动钳的压力作用，因此摩擦片应规则分布于摩擦盘的两侧。

为了使制动钳横向运动并形成制动压力，制动器的制动钳由液压系统提供压力，在液压缸行程范围内受控运动。液压缸的行程与制动器的制动钳行程相同，液压缸压力取决于制动器的额定制动力矩。

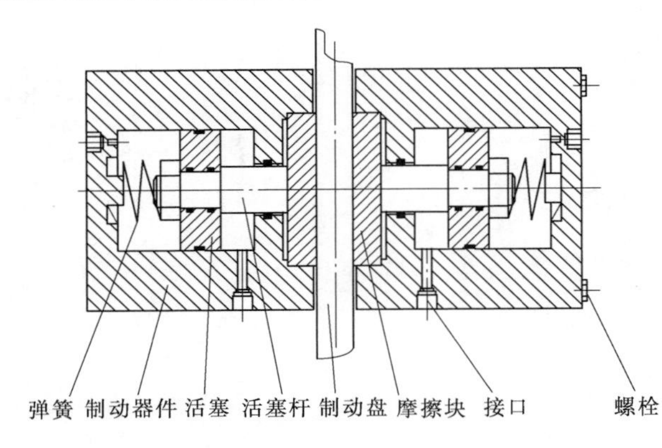

图 6-13　制动器结构原理图

钳盘式制动器分为常开和常闭两种典型结构。常闭式制动器在弹簧作用下，其制动钳与制动盘处于闭闸状态，只有通过液压系统提供动力才能使制动钳松闸。常开式制动器则在弹簧作用下，制动钳与制动盘处于松闸状态，只有施加液压动力才能使其闭闸。采用常闭式制动器的制动机构称为被动式制动机构，否则称为主动式制动机构。被动式制动机构安全性较好，主动式制动机构可以得到较大的制动力矩。图 6-13 为常闭式钳盘式制动器的结构原理。

6.4.2　制动器选型与设计

虽然实际工程中机械制动器仅起到驻车保险功能，但机械制动器必须根据最坏情况来选型和设计，选用与主传动链制动载荷相匹配的机械制动装置，保证主传动链从高速旋转状态顺利地完成停转制动，并且不会发生制动盘碎裂、摩擦片温升过高等危险和破坏。

6.4.2.1　计算制动力矩

风力发电机组的制动器作用包括两方面，其一是使制动对象由高速状态降速，如主传动系统的制动器；其二是让制动对象保持匀速运动或静止状态，如偏航制动器。无论哪种情况，受力如图 6-14 所示。

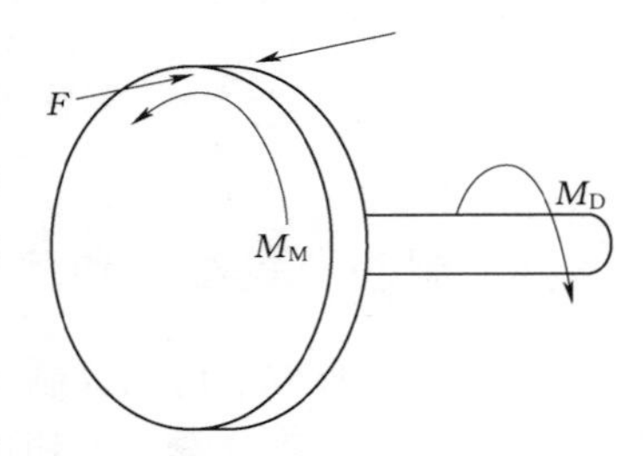

图 6-14　制动对象受力分析

由图 6-14 可知，制动对象受到了广义动力矩 M_D 和制动盘的摩擦制动力矩 M_M 的共同作用，其中广义动力矩 M_D 是指除了摩擦制动力矩以外所有力矩总和，例如空气动力矩、摩擦阻力矩、电磁力矩等，视制动器应用的具体场合而定。摩擦制动力矩 M_M 与广义动力矩 M_D 之间的关系为

$$M_M = \gamma M_D \tag{6-34}$$

考虑到摩擦制动材料的安全系数、制动钳在压力作用下压紧制动盘时会出现松弛和回弹、动力矩波动以及其他安全问题，系数 γ 应包含摩擦材料安全系数 γ_m、制动钳弹力松弛系数 γ_b 和动力载荷系数 γ_w 以及额外的安全系数 γ_s，即

$$\gamma = \gamma_m \gamma_b \gamma_w \gamma_s \tag{6-35}$$

6.4.2.2　制动盘直径

在机械制动器接到制动指令时，传动系统将在风轮驱动力矩作用下继续加速旋转，直到机械制动器的摩擦片动作到位，此时较制动指令发出时延迟若干秒 Δt，使制动对象的

转速由初始转速 ω_0 提高 $\Delta\omega$，从而主传动链制动轴的实际转速 ω_1 变为（$\omega_0+\Delta\omega$），如图 6-15 所示。

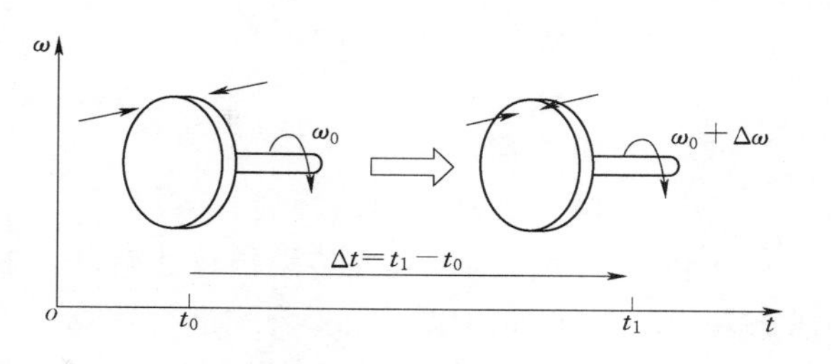

图 6-15 制动对象转速分析

因此制动开始时的制动盘转速 ω 最高，此时制动盘产生的离心力最大。受材料安全限制，对制动盘轮缘处的最大线速度有一定限制，以钢制制动盘为例，其最大线速度不能超过 90m/s，即

$$\frac{\omega_1 d_m}{2}\leqslant 90 \tag{6-36}$$

由此可知，制动盘最大直径满足关系为

$$d_m\leqslant\frac{180}{\omega_1} \tag{6-37}$$

由于摩擦制动器为标准产品部件，制动盘规格型号必须遵照标准尺寸系列。因此，在选择制动盘时，需要根据摩擦制动器厂商提供的规格型号进行必要的圆整。

6.4.2.3 摩擦片数量和总面积

摩擦制动过程是将制动对象的旋转机械动能转化为热能的过程，全部机械能与制动器的摩擦力做功在理论上大小相等。同时，摩擦片是以高性能粉末冶金材料为基材，由树脂材料粘结并压轧、磨制等而成的零件，机械性能受热影响严重。一般要求，不同材料的摩擦片在单位面积上的能量耗散率 Q 不得大于一定的阈值 Q_0，即

$$Q=\mu_f p v\leqslant Q_0 \tag{6-38}$$

式中 μ_f——摩擦系数；

p——摩擦片上的压强；

v——摩擦速度；

Q_0——单位面上的能量耗散率阈值，以树脂基摩擦片为例，Q_0 为 11.6MW/m²。

制动开始时制动器消耗的功率 P_M 最大，数值约为 $P_M=M_M\omega_1$。根据摩擦片单位面积上能量耗散率的阈值限制，可求得所有摩擦片的最小使用面积总和 S_0，要求

$$S_0\geqslant\frac{P_M}{Q_0} \tag{6-39}$$

摩擦片均匀对等分布于制动盘的两侧，若单侧摩擦片数量为 n，则每个摩擦片的面积至少应为 $S(S\geqslant S_0/2n)$。设计人员要根据摩擦片总面积限制及制动器厂商提供的选型手册，选定制动器上摩擦片的数量和每个摩擦片的规格。通常摩擦片为矩形，即需要设计人员选定摩擦片的长度和宽度。

6.4.2.4 制动盘温升校核

制动器工作过程中，热量主要流向制动盘。制动盘通常有温升限制，否则会造成摩擦片的损坏以及液压油温的超限。例如球墨铸铁制造的制动盘温度不应高于 600℃。制动盘上各点的温升与制动时间和该点到制动器的距离有关，微分方程为

$$\frac{d\theta}{dt}=\frac{\kappa d^2\theta}{\rho c_t dx^2} \tag{6-40}$$

式中 θ——制动盘温度，℃；

t——制动时间，s；

κ——导热率，W/(m·K)；

ρ——密度，kg/m^3；

c_t——比热容，J/(kg·K)；

x——微元到制动器的距离，m。

从制动盘动作到位到主传动链停止转动，制动盘的温升 $\Delta\theta$ 可通过上述微分方程积分求解获得，也可采用以下经验公式进行估算

$$\Delta\theta=\frac{E}{64600(D-b)b\sqrt{T_0}} \tag{6-41}$$

式中　E——总的能量消耗，J；

D——制动盘直径，m；

b——摩擦片宽度，m；

T_0——制动总时间，s。

6.4.2.5　活塞有效作用面积

制动器动作由液压系统提供动力，由液压缸推动制动钳，使其紧压于制动盘。液压缸内柱塞面积直接决定了压紧力。假设液压系统的工作压力为 p_1，摩擦片与制动盘之间的制动压力为 p，其计算公式为

$$p=S_s p_1 \tag{6-42}$$

制动活塞的有效作用面积为

$$S_s=\frac{p}{p_1} \tag{6-43}$$

由此可求得制动活塞的直径 d_s。

第7章 支撑结构规划与设计

支撑系统是风力发电机组的主要承载结构，受到机舱重量、风轮转矩、风轮推力、倾覆力矩、塔架风载及振动载荷的共同作用。支撑结构包括主机架、偏航与回转轴承、塔架等部件。

7.1 机舱传动链支撑结构设计

机舱是风力发电机组中用于支撑、固定、连接主传动链的关键结构部件，为机械和电气设备提供安装、容纳和维修空间。机舱传动链支撑结构即主机架，将风轮、回转轴承与塔架连接起来（图7-1）。

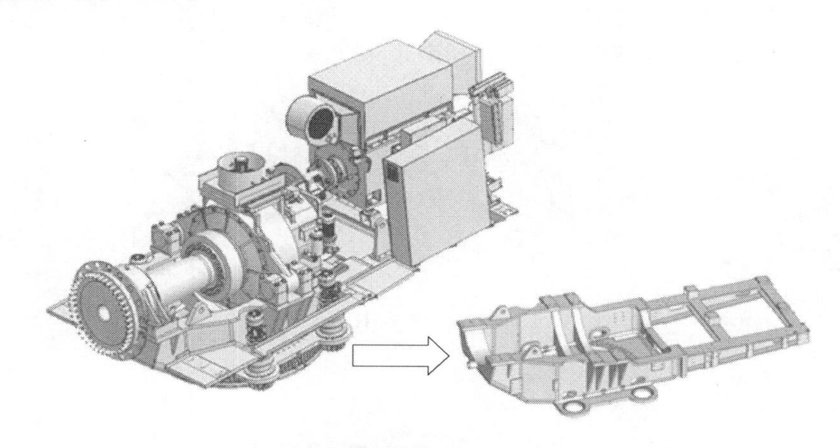

图7-1 风力发电机组传动链支撑结构——主机架

7.1.1 主机架功能规划

主机架用于固定、支撑和连接机舱内机械、电气、控制等，具体包括主传动系统、发电系统、电控系统、偏航系统、液压系统及其他辅助装置等。主机架的结构根据风轮和机舱内容物的结构、重量及布局适应性设计。

7.1.1.1 载荷传递功能

主机架是风力发电机组机舱内的主承载部件，将风轮载荷经最短路径传递给塔架（图7-2）。主机架受到的载荷主要来自风轮、齿轮箱和发电机等关键部件，其中风轮载荷是所有载荷来源中最重要的，具有时变性和不稳定性。风轮载荷中仅转矩为有用载荷，其余载荷均为有害载荷。齿轮箱和发电机的载荷主要源于自身重量，也会传递部分风轮载荷和惯性载荷。主机架需要具备载荷支撑和传递功能：①通过刚性连接结构，支撑齿轮箱、发

电机和风轮轴，承担部件的自重载荷；②由主轴支承过滤风轮轴向推力载荷和部分径向载荷；③以最短路径传递风轮轴传递的有害载荷，保护传动系统、发电系统和电控系统。

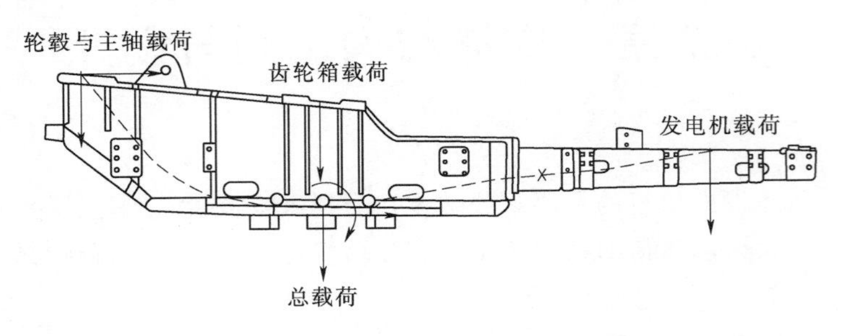

图 7-2　主机架载荷路径示意图

7.1.1.2　部件连接功能

主机架是机舱中零部件的支撑和连接装置，功能包括：①提供主轴承座、齿轮箱、发电机、偏航轴承等部件的连接结构，要根据部件载荷进行承载计算，并根据部件接口设计适配的连接结构；②提供电控系统、吊车、踏板、偏航驱动、液压站、机舱罩等部件的连接结构，无需专门设计连接结构形状，仅需根据部件的接口结构和载荷选择连接螺栓，设计螺栓排布方案。主机架与部件连接示例如图 7-3 所示。

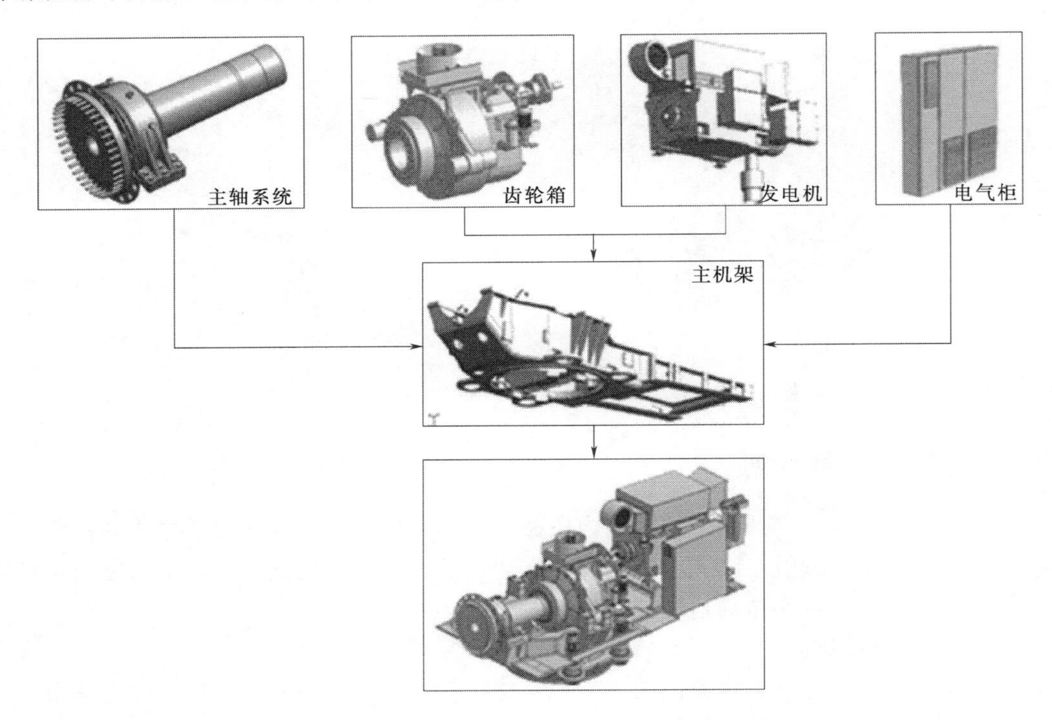

图 7-3　主机架与部件连接示例

7.1.1.3　设备容纳功能

主机架内安放有机舱部件，功能包括：①为风轮锁紧装置、传感器、开关等小型零部

件提供支架和操作空间；②为液压管路、电气线路提供走线和穿孔空间；③为机舱内设备维修提供人员行走和操作空间。图 7-4 为设备部件结构图，指出了主要部件的位置和人员安装与维护通道。

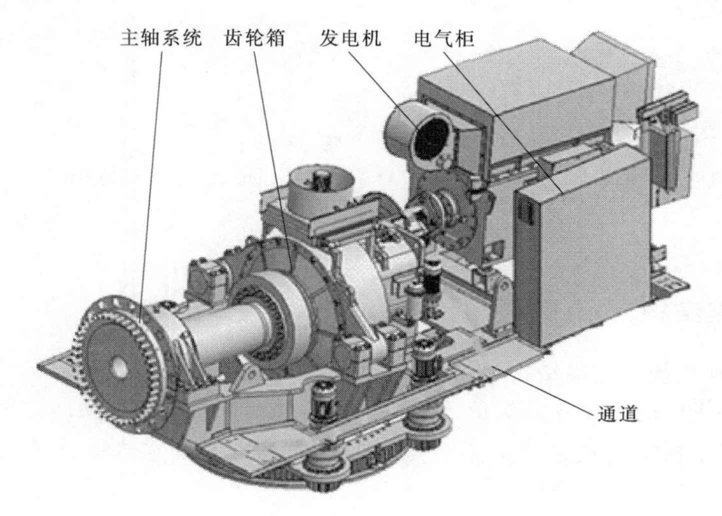

图 7-4 机舱部件与空间分布

7.1.2 主机架结构特点

主机架的结构取决于发电系统的类型，后者决定了传动链的空间尺度和承载结构。增速型风力发电机组用于双馈式和混合式两种机型，其主机架结构与直驱型机组有很大差别。

7.1.2.1 增速型机组主机架结构特点

双馈式和半直驱式风力发电机组采用高速和中速发电机，用齿轮箱将风轮转速提升到较高的转子转速。发电机体积小，且需要增速传动，因此发电机可以放置于主机架内部。

双馈式和半直驱式风力发电机组的主机架结构复杂、尺度大、载荷路径复杂、承载力强，必要时需要拆解为前主机架和后主机架，以降低主机架的加工难度和减小结构的变形量。

7.1.2.2 与直驱型机组主机架结构对比

直驱型风力发电机组大多采用低速发电机，发电机的极对数多、体积巨大，从风轮到发电机无需增速传动。为了缩短风轮轴的长度，发电机通常要悬置于机舱外，风轮与发电机的总重量对风力发电机组造成较大的倾覆力矩，要求主机架前端承载结构具有较高的强度和刚度。

与之相比，增速型风力发电机组的主机架在风轮轴方向较长，质量分布和部件调整的余地较大。这有利于风轮和机舱内容物的优化布局。两种典型主机架结构对比如图 7-5 所示。

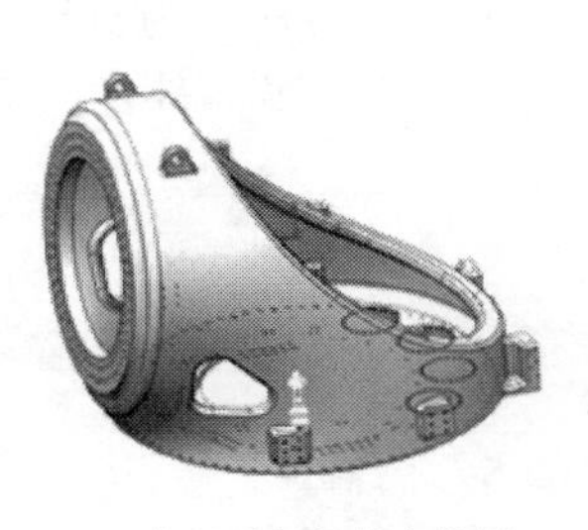

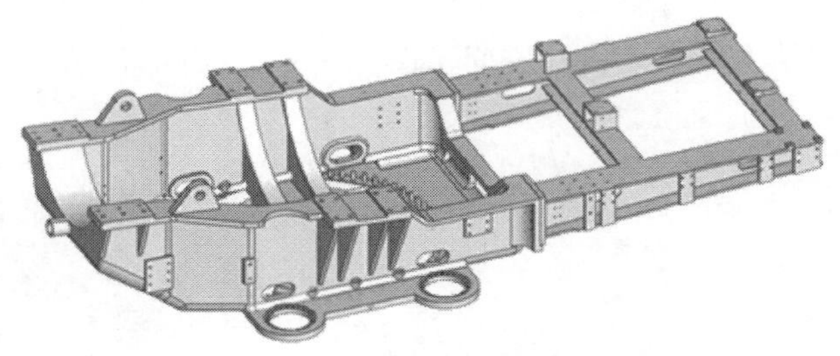

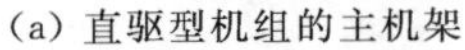

(a) 直驱型机组的主机架　　　　(b) 增速型机组的主机架

图 7－5　两种典型主机架结构对比

7.1.3　主机架结构

7.1.3.1　风轮轴系统的支撑结构

风轮轴是主机架的主要支撑对象。主机架上主轴的承载结构取决于主传动系统的布局和支撑型式，通常根据传动系统采用三点或四点支撑型式确定具体结构和几何尺度（图 7－6）。

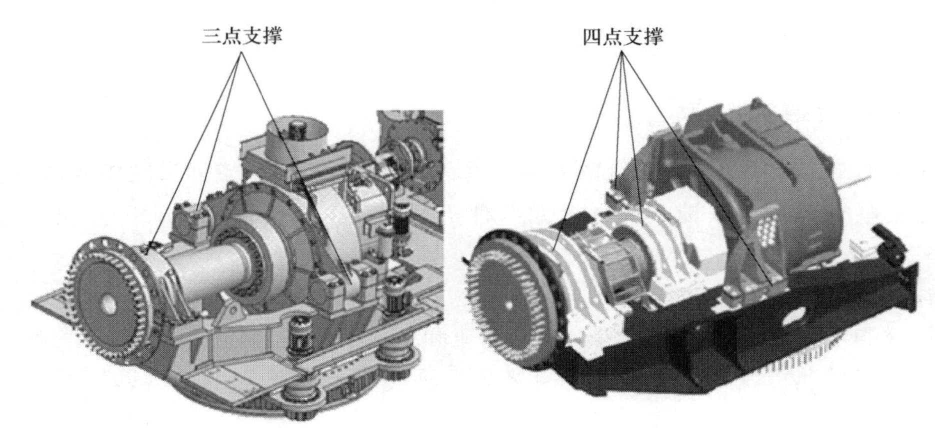

(a) 三点支撑式主机架　　　　(b) 四点支撑式主机架

图 7－6　三点支撑与四点支撑主机架结构示例

三点支撑结构中，风轮轴用一个调心滚子轴承承载。轴承两侧分别是风轮和齿轮箱，主机架在轴承位置几乎只承担竖直方向载荷。这要求风轮轴的承载结构必须有较好的抗压强度。图 7－6（a）为典型的三点支撑式传动系统的风轮轴承载结构。

四点支撑结构中，风轮轴由两个圆柱滚子轴承承载。主机架在风轮轴的轴承位置不仅承受竖直载荷，还受到风轮传来的弯矩载荷。这要求风轮轴的承载结构要有较好的刚度，结构通常要求加厚，并增加额外的加强筋。图 7－6（b）为典型的四点支撑传动系统的风轮轴承载结构。

7.1.3.2　齿轮箱的支撑结构

齿轮箱是增速型风力发电机组必不可少的重要部件，输入端与风轮轴之间刚性连接，输出端与发电机之间柔性连接。外部风况的随机性和不稳定性，导致风轮将大量有害载荷传向主传动系统，一部分有害载荷被主轴承吸收，并按最短路径传递给主机架和塔架，还有部分有害载荷则直接传递给齿轮箱。这部分有害载荷包括齿轮箱受到主轴的水平作用力、竖直作用力和转矩波动。此外，风轮制动和机械制动也会大幅提高齿轮箱载荷的峰值和波动频率。

为了减少有害载荷造成的齿轮箱齿根疲劳损伤、轮齿冲击损伤和啮合噪声，齿轮箱要采用弹性支撑，即齿轮箱两侧扭矩臂被安装于弹性支撑座。齿轮箱的弹性支撑有两种类型，一种是内衬胶垫的简易弹性支撑座，另一种是液压弹性支撑座。液压弹性支撑座阻尼大，吸振、降载性能好，在大功率风力发电机组中应用较为广泛。图 7-7 为 ESM 的弹性支撑结构。设计主机架支撑结构时，要充分考虑齿轮箱的弹性支撑座的连接尺寸、连接结构和装配工艺。

齿轮箱的重量为 40～70t，主机架的齿轮箱支撑结构应加多道加强筋，以避免齿轮箱的自重载荷及惯性载荷对主机架造成破坏。图 7-8 为主机架上的齿轮箱支撑结构。

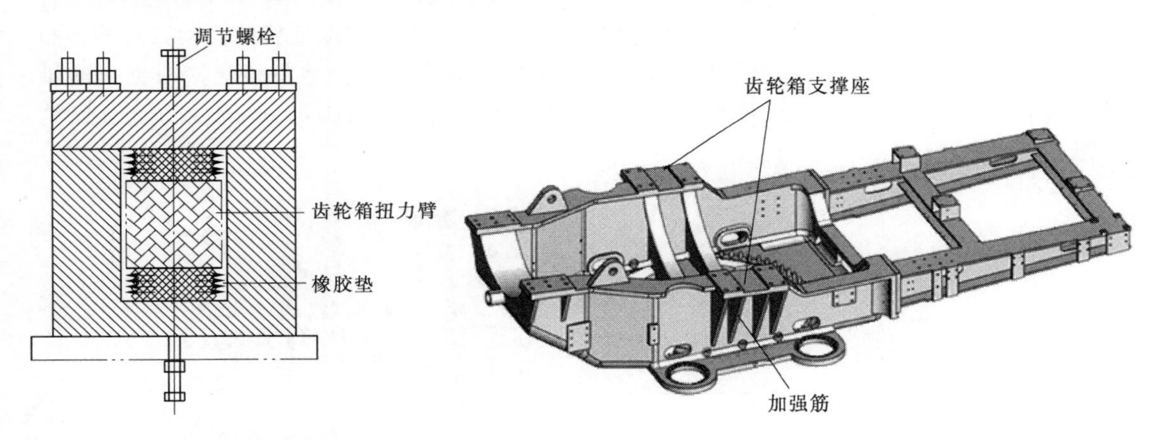

图 7-7 ESM 的齿轮箱弹性支撑结构　　图 7-8 主机架上的齿轮箱支撑结构

7.1.3.3 发电系统的支撑结构

发电机的载荷工况与其他零部件有所不同，通常不能承受过大载荷，必须保证齿轮箱的输出轴与发电机转子之间的同轴度：①主机架上的发电机支撑点与发电机支座的形状、位置相同；②保证主机架上的发电机支撑点与齿轮箱支撑点的相对位置关系；③主机架上发电机的支撑点连接孔与发电机弹性支撑的连接螺栓相匹配，而不是直接与发电机连接。为此，发电机在 X、Y、Z 方向的位置必须可调。发电机支撑式结构及装配调整如图 7-9 所示。

7.1.3.4 偏航系统的连接结构

偏航系统用于驱动机舱绕塔架轴线（Z 轴）转动，让风轮迎风或侧风。偏航系统由偏航轴承、偏航驱动器、限位装置、制动装置等零部件构成，其中偏航轴承、偏航驱动器、限位装置等部件必须安装于主机架。为了使偏航回转运动正确、稳定和可靠，必须保证上述三类零部件的绝对位置和彼此之间的相对位置。偏航轴承在主机架上的安装孔应尽量靠近机舱和风轮的总重心，最好同心，以减少附加有害载荷。所有偏航驱动装置的安装孔应

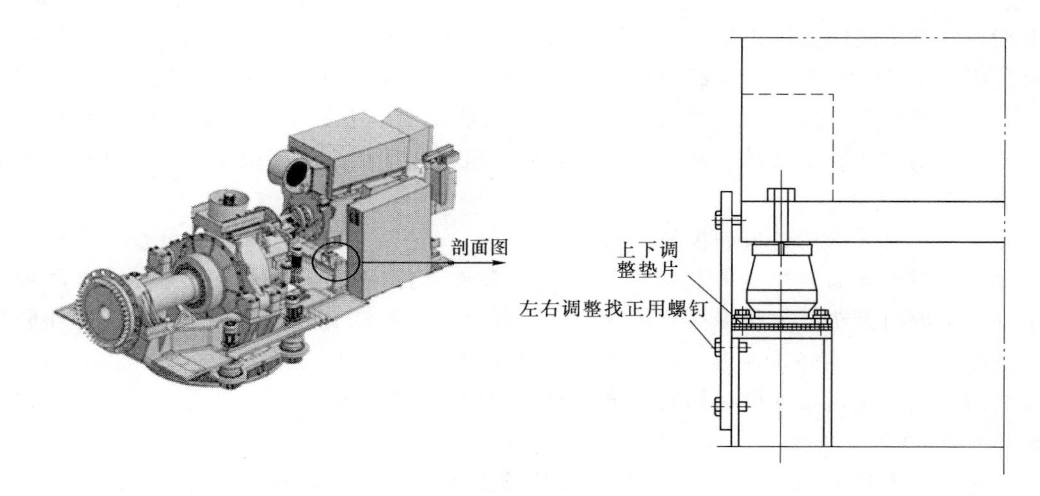

图 7-9　发电机支撑结构及装配调整

该分布于偏航轴承安装孔的周围，相互之间可以不均布，但必须保证偏航驱动装置的分布圆与偏航轴承同心。限位装置安装于金属支架上，金属支架的安装位置应该根据偏航轴承、偏航驱动、偏航制动等装置的形状、位置和占用空间情况来确定。偏航系统连接结构如图 7-10 所示。

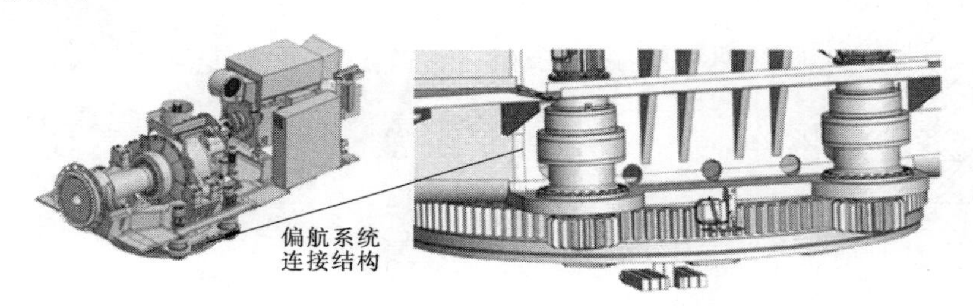

图 7-10　偏航系统连接结构

7.1.4　主机架设计步骤

7.1.4.1　确定主机架的支撑和连接布局方案

主机架的支撑和连接布局主要是整理主传动系统、偏航系统、电气系统、发电系统、塔架等部件的清单，获得所有部件的总长、总宽和总高，测量或向供应商索取上述部件的连接结构尺寸。根据主传动系统和偏航系统的设计结果，确定主传动系统和偏航系统的支撑和连接布局方案，计算出各个支撑点的位置。

7.1.4.2　初步设计主机架的支撑和连接结构

根据主机架布局方案，初步设计主机架的支撑和连接结构，初步估算出各结构的尺寸。初步设计结果可适当选择较大的安全系数和尺寸裕量，并适当考虑一些电气系统、发电系统、塔架等部件的布局要求。

7.1.4.3　主机架结构校核、优化与详细设计

可利用材料力学、弹性力学等力学原理，对机舱底盘进行强度、刚度、稳定性和动力

学的校核和分析。根据主机架结构的有限元数值分析报告，找出主机架结构中强度和刚度较为薄弱的结构，进行局部结构的优化。经过多轮的优化和分析，按优化结构进行主机架结构的详细设计。

7.1.4.4 主机架的典型结构

主机架结构按照制造方法及材料，可分为铸造主机架和焊接主机架；铸造主机架的结构抗振强、吸振性能好，但单件制造成本较高；焊接主机架的结构强度高、质量轻，单件铸造成本低。主机架结构按照结构形状可分为梁式主机架、框架式主机架和箱式主机架，要根据具体的生产规模和加工方法选择，以上三种类型的主机架均有应用。

7.2 偏航与回转支撑结构设计

偏航机构是水平轴风力发电机组特有的执行机构，用于驱动机舱绕着塔架轴线旋转。偏航机构与控制系统相互配合，使风轮始终处于迎风状态，以充分利用风能，提高机组效率，是保证风力发电机组安全高效运行的重要执行机构之一。偏航机构分为主动偏航和被动偏航：被动偏航是指依靠风力和相关装置完成风轮的自动对风，常见的被动偏航方式有尾舵、舵轮和下风向；主动偏航是指采用电机或液压拖动来完成对风动作。大型风力发电机组通常用齿轮驱动实现主动偏航。

7.2.1 偏航功能规划

从机械结构看，偏航机构主要完成偏航驱动、制动与阻尼、扭缆与解缆等执行功能。

7.2.1.1 偏航驱动

偏航驱动是指利用动力源及传动机构提供的驱动力矩，使机舱克服摩擦阻力矩、空气阻力矩和回转效应力矩，绕塔架轴线旋转，使风轮在控制系统命令下准确定位和运动。不同容量风力发电机组的偏航速率不同，表7-1为100～1500kW风力发电机组的偏航速率。

表7-1 偏航转速推荐值

机组功率/kW	100～200	250～350	500～700	800～1000	1200～1500
偏航转速/$(r \cdot min^{-1})$	0.3	0.18	0.1	0.092	0.085

7.2.1.2 制动与阻尼

为了避免偏航过程中产生过大的振动、冲击和爬行，偏航机构应提供合适的阻尼力矩。阻尼力矩根据机舱和风轮的总惯性力矩来确定。阻尼力矩的确定原则是确保偏航动作顺畅、平稳、振动小。此外，阻尼装置也承担制动和锁紧功能，使风轮准确定位，以充分利用风能，保证安全。

7.2.1.3 扭缆与解缆

解缆和扭缆是偏航机构必须具有的功能，保证偏航动作不会导致电缆发生过度扭绞。偏航机构装有机舱转动圈数或电缆扭绞程度的计量和保护装置。当电缆达到极限扭绞角度之前反馈信号，由偏航驱动装置执行反向解缆动作。扭缆保护装置是偏航机构中的必要装置，一旦被触发，机组必须紧急停机。解缆角度阈值约为720°或1080°，通常由制造企业根据实际情况来确定。偏航机构的功能如表7-2所示。

表7-2 偏航机构的功能

序号	功能	实现方法
1	偏航驱动	由伺服电机提供动力，由齿轮传动装置完成偏航驱动功能
2	制动与阻尼	由液压系统提供动力，由钳盘制动器为偏航机构提供阻尼和制动力矩
3	扭缆与解缆	由偏航计数器记录机舱扭缆角度，反馈信号用于判定是否执行解缆动作

7.2.2 偏航机构组成

偏航机构由偏航轴承、偏航驱动装置、偏航制动器、偏航计数器、扭缆保护装置、偏航液压回路等部分组成，如图7-11所示。

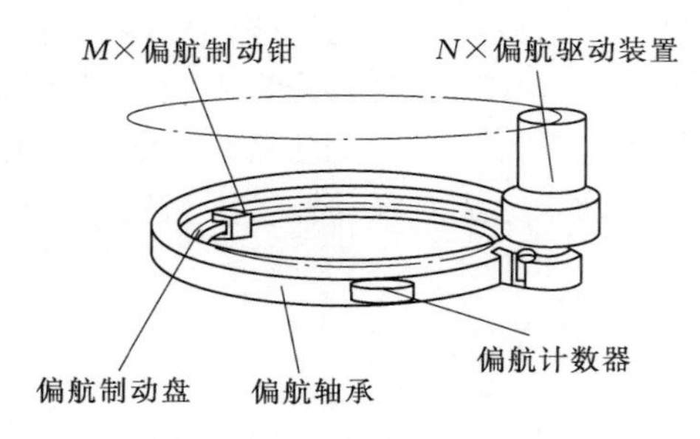

图7-11 偏航机构图

偏航机构有外啮合驱动和内啮合驱动之分。偏航驱动装置可以采用电机驱动或液压马达驱动，制动器可以是常闭式或常开式。采用常开式制动器时，偏航机构应安装偏航定位锁紧装置或防逆传动装置。主流风力发电机组主要采用常闭式偏航制动器，同时兼具制动和阻尼的功能。

7.2.2.1 偏航轴承

偏航轴承的内外圈分别与机舱和塔架用螺栓连接。偏航轴承的轮齿采用内齿或外齿形式。外齿形式是轮齿位于偏航轴承的外圈，加工相对简单；内齿形式是轮齿位于偏航轴承的内圈，啮合受力效果好，结构紧凑。内齿形式或外齿形式应根据机组结构和总体布局进行选择。偏航轴承的结构简图如图7-12所示。

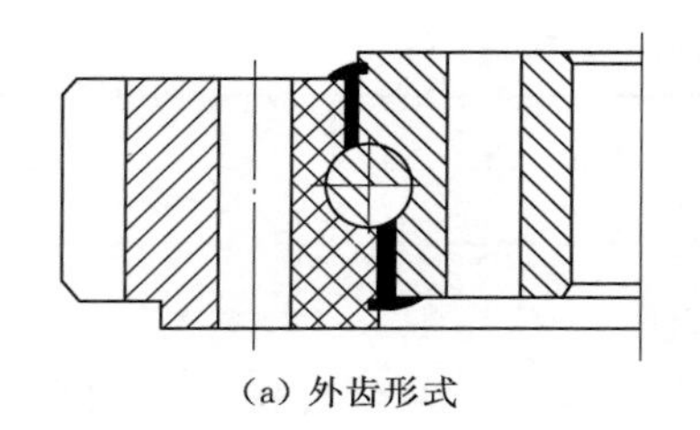

(a) 外齿形式

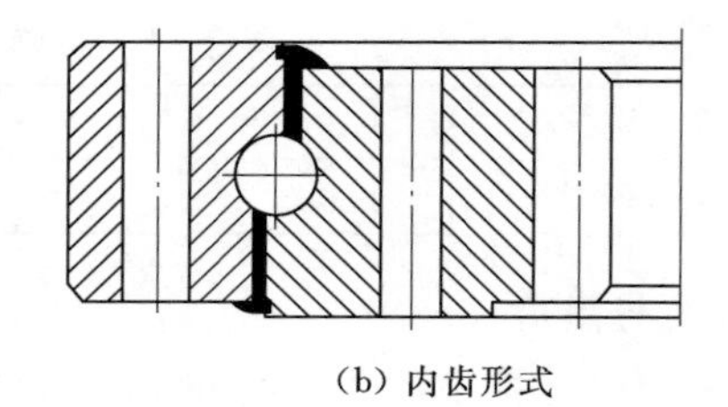

(b) 内齿形式

图7-12 偏航轴承结构图

(1) 偏航齿圈的轮齿强度计算方法参照《齿轮承载能力的计算》(DIN 3990—1987)、《渐开线圆柱齿轮承载能力计算方法》(GB/T 3480—1997) 和《圆柱齿轮、锥齿轮和准双曲面齿轮胶合承载能力计算方法》(GB/Z 6413—2003)。

(2) 偏航轴承部分的计算方法参照《滚动轴承：额定动载荷和额定寿命》(DIN ISO 281—2010) 或《回转支承》(JB/T 2300—1999)，偏航轴承的润滑应使用制造商推荐的

润滑剂和润滑油，轴承必须进行密封。

7.2.2.2 偏航驱动装置

驱动装置由驱动电机或驱动马达、减速器、传动齿轮、轮齿间隙调整机构等组成。驱动装置的减速器可采用行星减速器或蜗轮蜗杆与行星减速器串联；传动齿轮采用渐开线圆柱齿轮。传动齿轮的齿面和齿根应予以淬火，硬度达到55～62（HRC）。图7-13为某型风力发电机组的偏航驱动装置结构图。

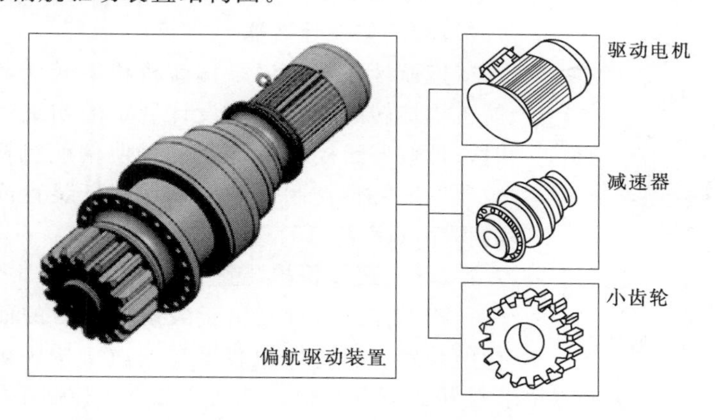

图7-13 某型风力发电机组的偏航驱动装置结构图

7.2.2.3 偏航制动器

偏航制动器采用液压拖动的钳盘式制动器，结构如图7-14所示。

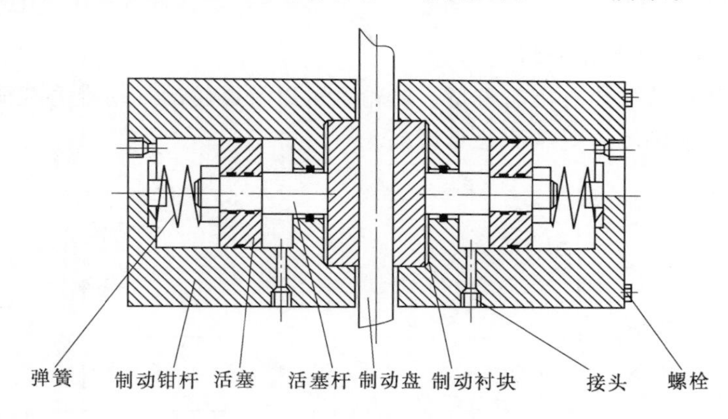

图7-14 偏航制动及制动器结构图

（1）偏航制动器是偏航机构中的重要部件，制动器应在额定负载下，制动力矩稳定且不小于设计值。偏航过程中，阻尼制动力矩应保持平稳，与设计值的偏差应小于5%，不得有异常噪声。额定负载下制动，制动衬垫和制动盘的贴合面积应不小于设计面积的50%；制动衬垫周边与制动钳的配合间隙均应不大于0.5mm。制动器需要配有自动补偿机构，在制动衬块磨损时予以自动补偿，保证制动和阻尼力矩稳定。偏航机构中的制动器可以选用常闭式或常开式，常闭式制动器在有动力条件下处于松开状态；常开式制动器则处于锁紧状态。其中，常闭式制动器较为常用。

(2) 制动盘通常位于塔架或塔架与机舱的适配器，形状为环状。制动盘的材质应有足够的强度、韧性和摩擦系数（Ra 值约为 3.2μm），保证不破坏、不变形、摩擦力足够。焊接的制动盘，其材质应有良好的可焊性。机组寿命期内，制动盘不应出现疲劳损坏。

(3) 制动钳由制动钳体和制动衬块组成。制动钳体由高强度螺栓连接，并用计算获得的力矩紧固于主机架。制动衬块由专用摩擦材料制成，推荐用铜基或铁基粉末冶金材料，铜基粉末冶金材料多用于湿式制动器，铁基粉末冶金材料多用于干式制动器。

7.2.2.4 偏航计数器

偏航计数器是记录偏航机构旋转圈数的装置，当偏航机构旋转的圈数达到设计规定的初级和终极解缆圈数时，计数器给控制系统发信号使偏航机构自动解缆。计数器一般是带控制开关的蜗轮蜗杆装置或是与其相类似的程序（图 7-15）。

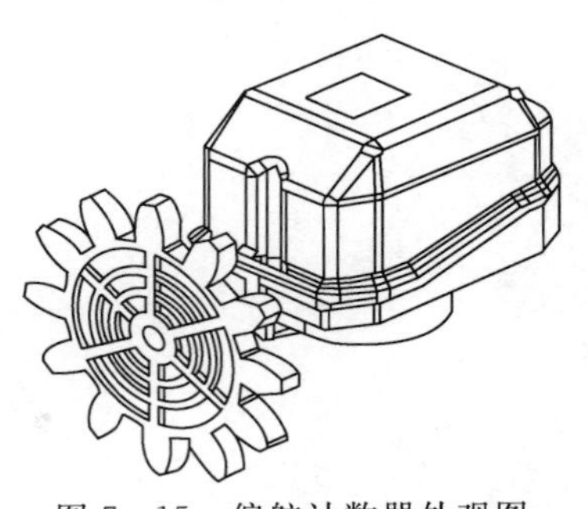

图 7-15　偏航计数器外观图

7.2.2.5 扭缆保护装置

扭缆保护装置是出于失效保护目的而安装在偏航机构的装置。扭缆保护装置在偏航机构失效后，电缆扭缆达到威胁机组安全而触发该装置，使机组紧急停机。该装置独立于控制系统，一旦该装置被触发，则会给控制系统一个中断信号。扭缆保护装置由偏航计数器、限位开关等构成，偏航计数器测量当前的偏航角度，达到扭缆极限后触发限位开关。

7.2.3 偏航机构设计

7.2.3.1 偏航载荷分布情况分析

偏航轴承上的载荷主要有机舱重量、风轮重量以及风轮的气动推力载荷，图 7-16 为风力发电机组的偏航轴承主要载荷分布情况。

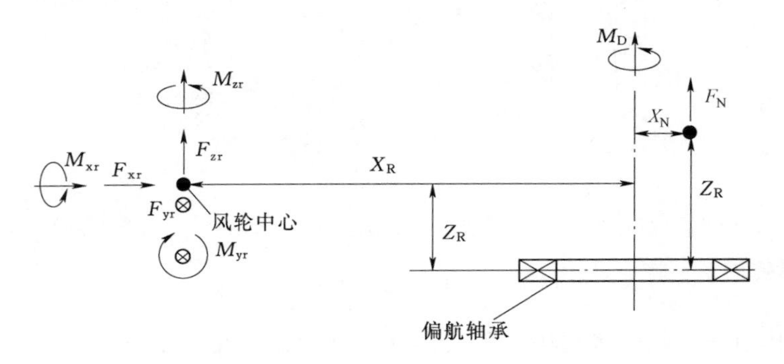

图 7-16　偏航轴承主要载荷分布情况

7.2.3.2 偏航轴承设计与选型

偏航轴承由套圈（内圈、外圈、上下圈）、滚动体、隔离块、密封圈和油杯等组成。偏航轴承的选型计算应分别进行齿圈滚道选型和轮齿强度计算。偏航轴承的选型计算方法参照《滚动轴承：额定动载荷和额定寿命》（DIN ISO 281—2010）或《回转支承》（JB/T 2300—1999）。

1. 基本载荷计算

偏航轴承上的外载荷是组合后的总载荷，包括倾覆力矩 M_t、总轴向力 F_a、总倾覆力矩作用平面的总径向力 F_r。在计算总倾覆力矩 M_t、总轴向力 F_a、总径向力 F_r 过程中，应适当考虑风力发电机组的工作类型和工作条件，按实际工况下最不利载荷进行计算，并据此选择偏航轴承。

根据偏航轴承载荷分析结果，计算偏航轴承静止状态下承受的最大载荷，包括轴向载荷、径向载荷和倾覆力矩，并将上述最大载荷作为偏航轴承的静态额定值。

偏航轴承所受总倾覆力矩为

$$M_t = \sqrt{M_1^2 + M_2^2}$$

其中

$$M_1 = M_{xr} - F_{yr} z_R$$

$$M_2 = M_{yr} + F_{zr} x_R + F_{xr} z_R - F_N x_N$$

偏航轴承所受总径向力为

$$F_r = \sqrt{F_{yr}^2 + F_{xr}^2}$$

偏航轴承所受总轴向力为

$$F_a = F_{zr} + F_N$$

2. 安全系数选择

根据实际工况和偏航轴承的静态安全系数推荐值，选择和评估风力发电机组偏航轴承的静态安全系数 f_s，如表 7-3 所示。

表 7-3　静态安全系数推荐值

工作类型	工作特性	机械举例	f_s
轻型	不经常满负荷，回转平稳，冲击小	堆取料机、汽车起重机、非港口用轮式起重机	1.00～1.20
中型	不经常满负荷，回转较快，有冲击	塔式起重机、船用起重机、履带起重机	>1.20～1.30
重型	经常满负荷，回转快，冲击大	抓斗起重机、港口起重机、单斗挖掘机、集装箱起重机	>1.30～1.45
特重型	满负荷，冲击大或工作场所条件恶劣	斗轮式挖掘机、隧道掘进机、冶金起重机、海上作业平台起重机、风力发电机组	>1.45～1.70

3. 选型与额定值计算

根据机舱、塔架的结构和尺寸设计要求，初步选择偏航轴承型号，得到其主要参数。根据轴承型号和参数，偏航轴承的额定静载荷 C_0 的计算公式为

$$C_0 = f_0 d_0^2 z \sin\alpha \tag{7-1}$$

其中

$$z = \frac{\pi D_0 - 0.5 d_0}{d_0 - b} \tag{7-2}$$

式中　C_0——额定静载荷，N；

f_0——静容量系数，N/m^2，按表 7-4 选取；

d_0——钢球公称直径，m；

α——公称接触角；

z——钢球个数，取较小的圆整值；

D_0——滚道中心直径，m；

b——隔离块隔离宽度，m，按表7-5选取。

表7-4　轴承静容量系数推荐值

滚道表面硬度（HRC）	60	59	58	57	56	55	53	51	50	48	46
静容量系数 $f_0/(N\cdot m^{-2})$	58	53	49	44	40	38	31	25	22	16	10

表7-5　表　层　深　度

DW	≤30	>30～40	>40～50	>50
DS	≥3.0	≥3.5	≥4.0	≥5.0

注：1. DS为硬度达到48（HRC）以上的表层深度。
2. DW为滚动体直径。

4. 当量静载荷计算

根据轴向载荷M、径向载荷H_r和倾覆力矩M，以单排圆球滚子偏航轴承为例，其当量轴向载荷C_P的计算公式为

$$C_P=P+\frac{4.37M}{D_0}+3.44H_r \tag{7-3}$$

式中　D_0——滚道中心直径，m；

C_P——当量轴向静载荷，N。

单排圆球滚子偏航轴承选型应满足

$$\frac{C_0}{C_P}\geqslant f_s$$

7.2.3.3　偏航驱动设计与选型

1. 偏航驱动力矩计算

偏航驱动力矩可由式（6-4）描述的机舱在回转方向上的偏航运动平衡方程推导而来，即

$$M_D=J_W\frac{d\omega_W}{dt}-M_W-M_{zr}+F_{yr}x_R-M_M-M_R-M_K \tag{7-4}$$

在利用式（7-4）计算偏航驱动力矩过程中，可将偏航制动力矩设定为零，即偏航制动器处于松开状态，同时将偏航摩擦力矩M_R的最大值、陀螺力矩M_K的最大值、风轮在z轴转矩M_{zr}的最大值、风轮在y轴方向推力F_{yr}的最大值及偏航轴上的转动惯量矩J_W代入式（7-4），并根据需要设定偏航角加速度的最大值，可求得偏航所需最大驱动力矩的理论值。由于风电机组偏航过程的工况十分复杂，为了保证机舱获得足够可靠的偏航驱动力矩，应在理论值基础上增加一定的安全裕量。

2. 偏航电机的选型

偏航驱动装置主要由偏航电机（普通电机）、减速机、小齿轮、偏航齿圈等构成。首先根据偏航驱动力矩和偏航角速度，计算偏航驱动功率，即

$$P_D=r_fM_D\omega_W \tag{7-5}$$

式中 r_f——载荷安全系数，典型值为1.35；

ω_W——偏航角速度，rad/s。

通常，风力发电机组需要多组偏航驱动装置，可根据偏航驱动功率 P_D，计算每组偏航驱动装置的电机功率 P_M 为

$$P_M=\frac{P_D}{N\eta} \tag{7-6}$$

式中 η——偏航驱动器传动系统的总效率，一般为0.95左右；

N——风力发电机组所需偏航电机数量。

风力发电机组的发电容量越大，则所需偏航电机数量就越多，原则上要求所有偏航驱动器围绕偏航轴承的轴线对称或均布。

3. 齿轮啮合副设计

偏航轴承是带有轮齿的特殊回转支承轴承。偏航驱动装置带有的小齿轮与偏航轴承的齿圈之间形成内啮合或外啮合，依靠齿轮啮合副向机舱传递驱动力矩，从而完成机舱偏航运动。在偏航轴承的齿数 Z_W 和模数 m 已知条件下，可根据初步设计的偏航驱动器安装位置到偏航轴承轴线距离 L，初步估算齿轮啮合副的传动比 I_W 为

$$I_W=\frac{\frac{Z_W m}{2}}{L-\frac{Z_W m}{2}} \tag{7-7}$$

由传动比 I_W 和模数 m，估算小齿轮的齿数 Z_M 为

$$Z_M=\frac{Z_W}{I_W} \tag{7-8}$$

在最小齿数条件约束下，圆整小齿轮的齿数 Z_M，并按照圆整后的齿数 Z_M 和模数 m，重新计算偏航驱动器安装位置到偏航轴承轴线的距离 L，并重新计算传动比 I_W。

同时，根据传动比 I_W 与偏航角速度 ω_W，计算小齿轮的转动角速度 ω_M 为

$$\omega_M=I_W\omega_W \tag{7-9}$$

根据电机额定功率 P_M 和小齿轮转动角速度 ω_M，计算小齿轮的驱动力矩 M_M 为

$$M_M=\frac{P_M\eta}{\omega_M} \tag{7-10}$$

小齿轮的驱动力矩 M_M 可作为小齿轮轴最小截面直径的计算依据，并引入一定的安全系数。

偏航轴承齿圈的轮齿强度计算方法参照《渐开线圆柱齿轮承载能力计算方法》（GB 3480—1997）及《圆柱齿轮、锥齿轮和准双曲面齿轮胶合承载能力计算方法》（GB/Z 6413—2003）。可以作为《回转支承》（JB/T 2300—1999）规定的选型计算进行校核计算。

4. 偏航减速机选型

偏航减速机大多为行星齿轮减速机。体积小、传动比大的行星减速机有效提高了偏航机构和机舱的结构紧凑性、传动效率和载荷性能。通常要求偏航减速机必须通过GB/T 3480—1997标准规定的齿面接触疲劳强度和弯曲疲劳强度的校核计算；通过GB/T

3480—1997标准规定的轮齿静态强度计算；通过《螺纹紧固件应力截面积和承载面积》（GB/T 16823.1—1997）标准规定的螺纹连接强度计算，等级不低于8.8级。按20年设计寿命评估，工况系数按表7-6选取。

表7-6　工　况　系　数

使用场合系数	1.0	弯曲强度安全系数	1.25
接触强度安全系数	1.1	弯曲强度的最小静态安全系数	1.2
接触强度的最小静态安全系数	1.0		

偏航减速机的减速比 I_J 的计算公式为

$$I_J=\frac{\omega_G}{\omega_M} \tag{7-11}$$

根据偏航减速机的减速机比 I_J 和偏航电机功率 P_M 选择减速机型号。通常要求其功率大于 P_M。

7.2.3.4　偏航制动设计与选型

1. 偏航制动器结构

偏航制动器与主传动系统的机械制动器类似，采用钳盘式摩擦制动器，但结构和安装要求不同。偏航制动器由制动器体、制动块、制动盘等构成，除了制动盘为定制设计外，其余根据标准设计和制造。

制动器体为可锻铸铁KTH370-12、球墨铸铁QT400-18或轻合金制造成整体或分半结构。制动器体中有集成或独立式制动液压缸，由铝合金或钢制活塞的直线往复运动带动制动块向着制动盘运动，对制动盘形成压力。制动块呈现矩形、正方形或长圆形，由背板和摩擦片构成，两者直接压嵌在一起。摩擦片由具有较高的热稳定性、摩擦稳定性、耐磨性、耐挤压性、耐冲击性的摩擦材料制成。摩擦材料的摩擦系数稳定值为0.3～0.5，通常取0.3～0.4。

制动盘是位于塔架与偏航轴承中间的环盘形机械件，材质为强度、韧性、硬度较高的铸钢、球墨铸铁或合金钢。制动盘上的轴孔和键槽型式及尺寸按《联轴器轴孔和联结型式与尺寸》（GB 3852—2008）标准设计和制造，制动盘不能有裂纹、砂眼、气孔等缺陷。盘面粗糙度约为Ra3.2μm，以保证足够的摩擦阻尼和制动力矩。

制动盘的制造方法和材料见表7-7。

表7-7　制动盘的制造方法和材料

制造方法	材料名称	材料牌号	标　准
铸造	铸钢 合金铸钢 球墨铸铁	ZG 310-570 ZG CrMo QT 450-10 QT 600-3	《一般工程用铸造碳钢件》(GB 11352—2009) 《合金钢铸件》(JB/ZQ 4297—1986) 《球墨铸铁件》(GB/T 1348—2009)
锻造或钢板（割制）	优质碳素结构钢 合金结构钢	45，60 35CrMoV	《优质碳素结构钢》(GB/T 699—2015) 《合金钢结构》(GB/T 3077—2015)

未制动状态下，制动盘与制动钳应预留0.1～0.5mm的工作间隙。考虑到制动过程

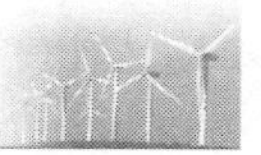

中摩擦副会产生机械和热变形，因此冷却状态下制动器应有的间隙应通过试验确定。

2. 偏航制动器设计

按照钳盘式制动器设计方法，可依据偏航载荷计算极限制动力矩 M_M。为了保证偏航平稳，偏航机构配备多个沿着偏航制动盘周向均布的偏航制动器，制动力矩计算公式为

$$M_M = -2n\mu R_0 F \tag{7-12}$$

其中

$$F = A_0 p \tag{7-13}$$

式中　n——偏航制动器的数量；

μ——制动盘与摩擦片之间的摩擦系数；

R_0——制动盘的有效摩擦半径，mm；

F——摩擦片对制动盘的压力，N；

A_0——偏航制动器上的液压缸活塞面积，mm^2；

p——偏航制动器上液压缸内油液压力，N。

根据式（7－12）和式（7－13），可计算得到制动盘的直径、制动器的液压压力和液压缸的活塞面积。由该数据确定制动器的计数参数。制动器计数参数示例如表 7－8 所示。

表 7－8　制动器计数参数示例

名称	HDAB－75	HDAB－80	HDAB－90	HDAB－120
最大制动力/kN	84	96	160	430
最大工作压力/bar	120	120	160	160
刹车片尺寸/mm	219×96	219×96	240×96	460×138
刹车片总厚度/mm	16	16	16	27
刹车材料厚度/mm	7	7	6	6
刹车片最大磨损量/mm	5	5	4	7
标称摩擦系数	0.4	0.4	0.4	0.4
活塞直径/mm	75	80	90	120
压力连接端口	M14×1.5	M14×1.5	M14×1.5	M14×1.5
制动盘厚度/mm	30	30	30	30

注：1. 制动盘有效摩擦半径＝(制动盘直径－0.102)/2（单位：m）（HDAB－75、HDAB－80、HDAB－90）。
2. 制动盘有效摩擦半径＝(制动盘直径－0.136)/2（单位：m）（HDAB－120）。
3. 资料来源于焦作制动器有限公司网站。

3. 偏航制动器选型

前述主传动系统的机械制动器采用常开式制动器，正常状态下制动器的摩擦片与制动盘之间相互分离，以减少制动器的磨损和传动系统阻尼。偏航制动器与之相反，主要采用常闭式制动器，正常工作状态下制动器的摩擦片与制动盘之间相互挤压接触，依靠闭合状态下产生的阻尼和制动力矩，使机组平稳偏航；只在有动力的条件下才处于松开状态，以保证其安全可靠。

4. 偏航制动器安装要求

偏航制动器提供的阻尼和制动力矩大，涉及机组的安全可靠性，对其安装和使用有严

格要求。

活塞应能压住尽量多的制动块面积，以免摩擦片发生卷角而引起高频噪音。制动块背板由钢板制成。许多盘式制动器装有摩擦片磨损达极限时的警报装置，以便及时更换摩擦片。

7.2.3.5　扭缆保护装置设计和选型

扭缆保护装置由计数器和限位（行程）开关组成。计数器有接触式和非接触式两种计数方法。接触式计数方法主要采用有轴型的光电编码器。光电编码器的输入轴由小齿轮带动，小齿轮在主机架的带动下与偏航轴承的齿圈啮合，产生旋转运动来测量机舱旋转过的角度。非接触式计数方法主要利用接近开关，由两个沿齿圈周向近距离交错安装的接近开关感应偏航轴承齿圈的齿顶和齿底交替变化，相应地向计数装置发送二进制信号，从而测量机舱转过的角度和方向。

光电式编码器选型应注意定位止口、轴径、安装孔位的尺寸参数，充分考虑电缆出线方式、安装空间和防护等级，保证编码器的分辨率满足设计和使用精度要求。接近开关则要注意传感器探头到齿圈齿顶的距离，保持在5～8mm。相邻传感器沿着齿圈周向的中心距保持在0.5倍的齿顶宽度，而两个相邻传感器的直线中心距必须保持在2倍外径以上。

偏航计数器如图7-17所示。

(a) 接近开关测量旋转角度

(b) 光电编码器测量旋转角度

图7-17　偏航计数器

计数器用于正常运行条件下风力发电机组扭缆保护。为了进一步提高扭缆保护动作的可靠性，还会在偏航机构上安装限位开关。限位开关有接触式和非接触式两种，视安全性和经济性的要求而定。限位开关通常要求安装两组，以保证偏航扭缆的冗余保护，其中一个安装在极限位置，称为极限开关。

7.3　塔架支撑结构设计

塔架位于风力发电机组的最下方，重量占机组总重量的50%左右，造价占总造价的15%～50%，是风力发电机组的主要支撑部件。

7.3.1　塔架功能规划

7.3.1.1　支撑功能

塔架承担风力发电机组的全部重量和外载荷作用（图7-18）。所有载荷以静压载荷、

循环载荷、冲击载荷和振动激励等形式作用于塔架及其连接件，其中绝大多数为有害载荷。塔架设计要充分考虑上述载荷的耦合作用，以保持足够的结构可靠性，具备所需的强度、刚度、稳定性和动力学性能。

图 7-18 塔架外观

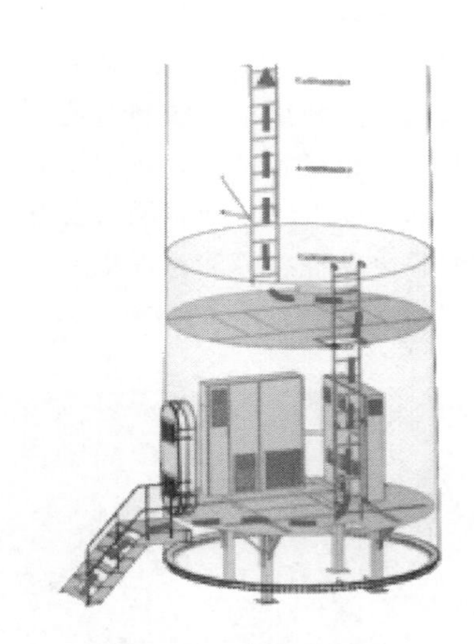

图 7-19 塔架内通道

7.3.1.2 通道功能

塔架在风力发电机组中发挥着重要的通道功能，为容纳电力、通信和控制线路提供必要的走线空间和固定装置，为维修人员前往机舱提供便捷、安全、可达的人员通道，为递送设备和工具提供必要的运输通道（图 7-19）。

7.3.1.3 环境功能

塔架是风力发电机组中占总体积比最大的部件，与风电场的地质环境、大气环境、海洋环境、辐照环境、人文环境和生态环境存在长期的交互作用。塔架设计既要考虑到风力发电机组避免受到环境因素影响而出现功能性破坏，也应避免或减少由塔架导致的人一机一环境关系破坏，包括声光污染、资源浪费等（图 7-20）。

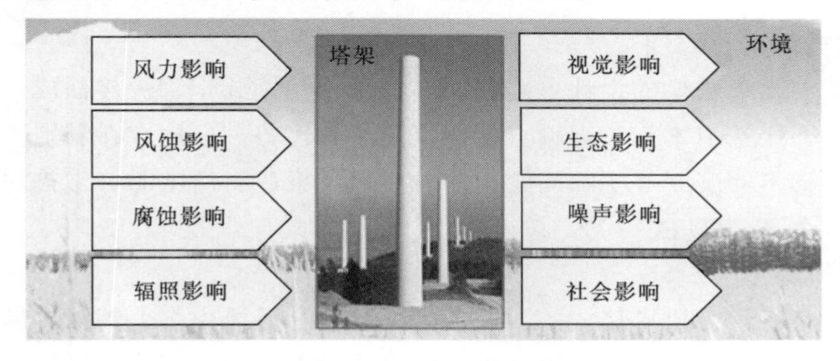

图 7-20 塔架与环境的交互作用

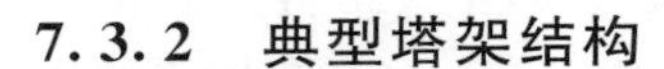

7.3.2　典型塔架结构

在风力发电发展的不同历史阶段，行业内曾提出和应用过多种结构型式的塔架，包括钢筋混凝土式、桁架式、钢筒式、钢混式、拉索桅杆式、三角式等。钢筋混凝土式、桁架式、钢筒式三种塔架较为常用，钢混式塔架也在业界不断地推广应用。

7.3.2.1　钢筋混凝土式塔架

钢筋混凝土式塔架是指塔架由钢筋混凝土灌制而成，或由钢筋混凝土预制件拼装而成。此类塔架已经脱离了机械制造范畴，属于建筑学范畴。该类塔架出现于风力发电发展早期，当时机组单机容量小时，钢筋混凝土塔架以施工方便、周期短、刚度大、取材运输方便等优势而广受青睐。随着风力发电机组的大型化，钢筋混凝土塔架体积越来越大、建设周期变慢、美观性差等问题逐步凸显，因而逐渐被弃用（图7-21）。

图7-21　钢筋混凝土式塔架施工

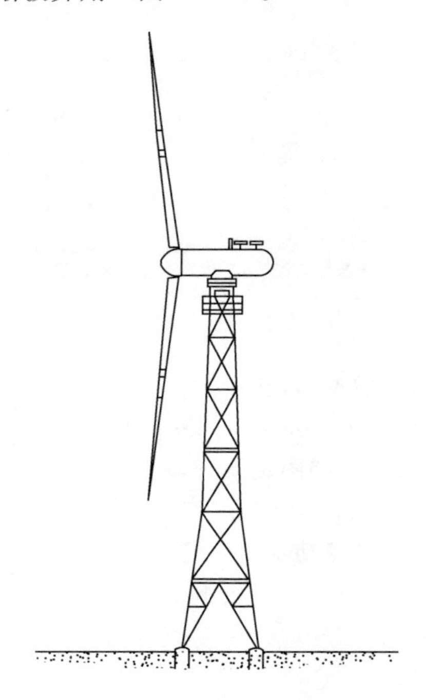

图7-22　桁架式塔架

7.3.2.2　桁架式塔架

桁架式塔架与输电铁塔的设计思路相同，均采用角钢或钢管焊接而成。桁架式塔架具有制造工艺简单、制造成本低、运输方便、风阻小等优势。但也存在制造工作量较大、维修作业危险、外形不够美观等实际问题，对其应用和推广有所限制，常被用于下风向机组或中小型机组（图7-22）。

7.3.2.3　钢筒式塔架

钢筒式塔架是一种多段拼接式的圆筒形塔架。每个塔段由多个钢板卷制圆筒经过焊接而成，各塔段之间再通过法兰—螺栓连接。钢筒式塔架分为直筒式和锥筒式。直筒式塔架制造难度相对较小，但各截面均按照底端最危险截面计算，材料成本高。而锥筒式塔架按

等强度原则设计，不同高度处的截面直径和壁厚均不相同，因此材料成本较低，但正因为截面尺寸变化，也使其制造难度大于直筒式塔架。钢筒式塔架以外形美观、安装快捷、结构安全等优势，成为主流的风电塔架（图 7-23）。

(a) 钢筒式塔架外观

(b) 钢筒式塔架内观

图 7-23 钢筒式塔架

图 7-24 钢混式塔架

7.3.2.4 钢混式塔架

随着风力发电机组单机容量的不断增加，塔架的高度和截面直径也随之增大。根据标准规定和道路通过性的实际情况，通常要求塔底直径应限制在 5m 以内、塔段长度限制在 20～30m，以便预制塔段能够安全通过高速公路收费站、桥梁下方、公铁隧道和道路急转弯处。塔架越大，海陆运输和吊装成本也会增加。一些企业曾尝试开发一种钢混式塔架。所谓钢混式是指塔架下半部用钢筋混凝土制成，而上半部则采用钢筒。钢混式塔架有效解决了超大型机组塔架难以运输和吊装的难题（图 7-24）。

7.3.3 锥筒式塔架结构设计

鉴于锥筒式塔架是主流风力发电机组塔架，本书仅讨论该锥筒式塔架的设计方法。

7.3.3.1 设计影响因素

锥筒式塔架原则上要依据风力发电机组的自重载荷以及气动载荷设计，而实际上风力发电机组从生产车间出来后，要经由陆路和海上运抵风电场，并由重型起重设备完成搭建。机组运行期间，塔架还要承受极端的风况、温度、湿度、腐蚀、地震、雷电、海浪等外部环境影响，加之风轮、机舱和塔架自身的动力学响应情况。因此，锥筒式塔架设计过程中要充分考虑多种设计因素，包括运输、吊装、风况、环境以及可靠性等方面。

图7-25　塔架吊装图

1. 吊装因素

塔架的结构特点是体积大、重量大，现场吊装要求配备与其吨位相应的起重机械。一般需要500～1000t级履带吊和100t级汽车吊配合使用，算上起重设备的过路费和出场费，吊装施工费用约占风力发电机组总成本的10%左右。考虑到吊装成本较高，塔架设计应充分考虑该问题，尽量减小塔架的重量、降低塔架总高度，并为塔架吊装安排合适的吊点、制作合适的吊具。吊装过程要注意控制吊臂倾角，吊臂与塔架的总重心应保持在吊车车体范围内，以避免吊车倾倒（图7-25）。

2. 运输因素

塔架的陆上运输要根据装载后车组的长、宽、高，并综合考察路面坡度、路面的转弯半径（U形弯、S形弯）、桥梁、立交桥、涵洞、岩石凸起、公路牌坊、过街水管、高空电线电缆等影响运输的因素来确定最终的运输方案。为了降低运输难度，要尽量缩小锥筒大径、缩短单段塔架长度，以确保塔架的通过率。根据《国家公路工程技术标准》，高速公路、一级公路、二级公路上的道路桥梁净高为5m，三级公路和四级公路上的道路桥梁净高为4.5m，因此锥筒式塔架底径原则上应控制在5m以内，通常为4～4.2m。道路转弯也对锥筒式塔架的长度有要求，运输车辆转弯过程中车体不得扫掠道路两旁的建筑、树木等障碍物。根据标准规定，锥筒式塔架的单个塔段长度必须控制在20～30m。塔架运输如图7-26所示。

3. 风况因素

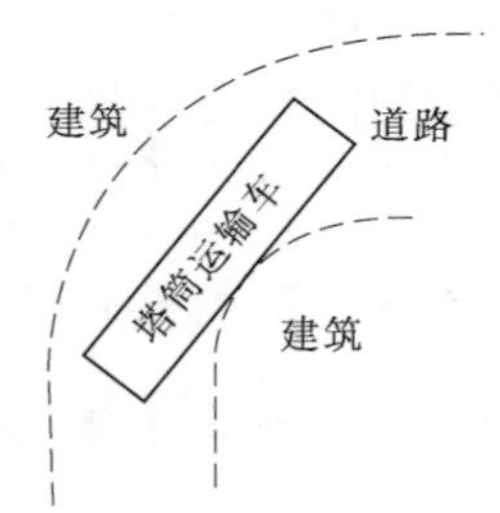

图7-26　塔架运输图

风力发电机组的所有载荷均经由塔架传递到地面。这些载荷包括重力等不变载荷，还包括气动载荷、惯性载荷、冰载荷、波流载荷等可变载荷，尤其是气动载荷对塔架影响最大。气动载荷受风况因素影响表现出不确定性，以有害的气动推力形式作用于塔架。塔架设计必须考虑风电场的实际风况，根据当地的平均风速和湍流强度估算50年一遇极端的风速、湍流，用以校验塔架的力学性能。

4. 环境因素

风力发电机组与其他机械装备不同，野外工作环境对设备性能影响巨大。锥筒式塔架设计要考虑环境对塔架造成的不利影响。这些环境因素不仅有风况因素，还包括湿度、温度、海拔、辐射、腐蚀、气压、地震等。塔架要根据环境因素做好应对措施，主要是防腐蚀、防老化、防碰伤等。

5. 可靠性因素

风力发电机组要在20年设计寿命期内安全可靠运行，塔架的载荷工况最复杂。塔架设计过程中，需要考虑20年寿命期内各种环境因素和工况出现的可能性，对塔架进行可靠性设计和校验，主要考虑：①评估可能出现的极限载荷及最不利工况；②考虑减弱塔架力学性能的局部结构；③考虑塔架与其他部件之间的耦合作用，包括运动、振动等。

7.3.3.2 塔架设计策略

塔架设计主要是设计结构和尺寸，常用方法是以塔架载荷为设计依据，参考以往的塔架设计案例，结合设计人员的个人设计经验，形成塔架的设计方案、总体结构和尺寸参数。若不计成本，则塔架结构越简单、尺度越大，则越安全。但在实际设计中，塔架重量占机组重量的50%，其结构和尺寸对控制机组的总成本至关重要。目前，产业界有刚性和柔性两种主流的塔架设计策略。

1. 刚性塔架设计策略

刚性塔架简称“刚塔”，即明确分析塔架的固有频率与激励频率之间的关系，使塔架的固有频率高于叶片穿越频率。“刚塔”可避免塔架共振，但“刚塔”要求塔架有足够的强度和刚度，即要消耗大量的钢材，或采用较复杂的刚性结构，这势必会造成塔架成本提高。“刚塔”思想是相对保守的塔架设计思路，在风力发电技术发展早期较为常见。

2. 柔性塔架设计策略

柔性塔架简称“柔塔”，要求塔架的固有频率在风轮旋转频率与叶片通过频率之间，或者低于风轮的旋转频率。“柔塔”的外形结构纤细，消耗钢材量明显小于“刚塔”，塔架成本明显低于“刚塔”。“柔塔”的固有频率穿越或低于危险频率，易发生共振。为了降低共振的可能性，需要优化机组控制策略，进行较为详细的动态特性分析。“柔塔”设计方案，要求设计人员具有较高的分析和控制技术水平。“柔塔”设计思想在成本控制方面优势巨大，已被很多企业所采用（图7-27）。

7.3.3.3 塔架总体设计

1. 塔高设计

塔高并不是风力发电机组的一个标准参数。塔高根据安装机位的地理情况和风况情况来确定。塔架越高，风力发电机组所能获得的风能和风况质量越好，但制造成本、运输成本、吊装成本和安全风险也会相应增加。塔架高度设计要综合考虑生产施工成本、风能捕获情况以及潜在风险情况等因素。通常认为风力发电机组的高度与风速之间成正向关系。正常风廓线模型表明，机组高度增加一倍则风速增加10%，风能增加33%，塔架重量至少增加3倍。式（7-14）和式（7-15）为塔架最小高度估算公式。若机组容量小于

1MW 时，则塔架高度为

$$H=h+C+R \tag{7-14}$$

若风力发电机组容量不小于 1MW 时，则塔架高度为

$$H=(1\sim1.3)D \tag{7-15}$$

式中 h——附近障碍物的高度，m；

C——风轮最低点到障碍物最高点距离，C 最小取值为 1.5～2.0m；

R——风轮半径，m；

D——风轮直径，m。

兆瓦级以上风力发电机组，其风轮最低点到地面距离不得低于 25m。塔架与障碍物关系如图 7－28 所示。

图 7－27 典型的柔性塔架示例

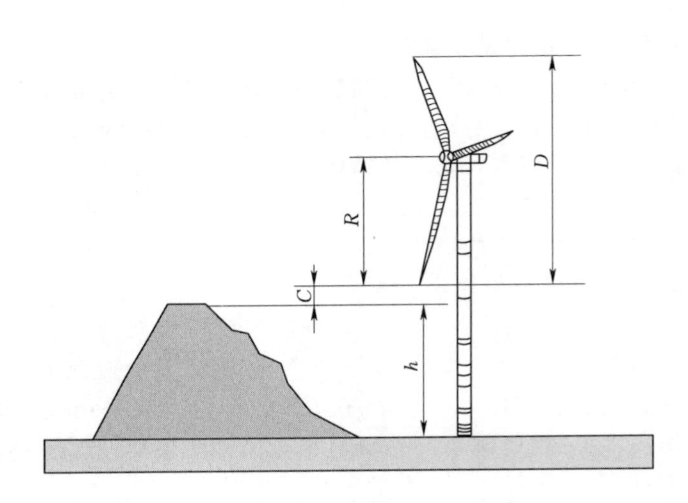

图 7－28 塔架与障碍物关系图

2. 塔筒直径计算

塔筒直径随着机组高度、机舱重量等参数而变化。通常要求塔底直径最大不得超过 5m。作为一种高耸结构，塔底直径 D 与高度 H 之比的关系为 $D\geqslant H/20$。相关规范和工程经验建议高耸结构的高度 H 与底部直径 D 之比一般应控制在 14～20 范围。两者比值超出上述范围后，可适当增加底部直径，以提高结构的强度和安全性。

根据经验，塔架高度 H 与塔顶直径 D 之比在 24～34 的范围内；塔筒高度 H 与底部直径 D 之比应处于 14.8～19.03 范围内。以某型 1.5MW 风力发电机组为例，塔筒高度为 63m，经有限元分析、校验和优化，塔底直径约为 4.26m，塔顶直径约为 2.56m，两者与塔高的比值均在推荐比例范围内。

3. 塔筒壁厚计算

（1）塔筒载荷计算。塔筒壁厚和机组高度、载荷情况直接相关，设计塔筒壁厚前，首先考虑其受载情况。

塔筒受到的载荷主要是：①风轮、机舱和塔筒自身所受到的气动载荷；②风轮、机舱和塔筒自身的重力载荷；③振动引起的惯性载荷；④转矩控制、偏航控制和制动控制引起

的操作载荷；⑤冰、海浪和海流对塔筒的附加载荷。图 7－29 是塔筒所受到的主要载荷图。

表 7－9 为机舱所受到的各种载荷、载荷来源。

表 7－9 机 舱 载 荷

序号	载荷代号	载荷名称	主 要 来 源
1	F_{XT}	风轮推力	风轮传递的气动载荷
2	F_{YT}	机舱推力	机舱自身的气动载荷
3	F_{ZT}	重力	机舱自身的重力载荷
4	M_{XT}	翻转力矩	机舱自身的气动载荷
5	M_{YT}	俯仰力矩	风轮传递的气动载荷
6	M_{ZT}	驱动力矩	偏航驱动及制动的载荷

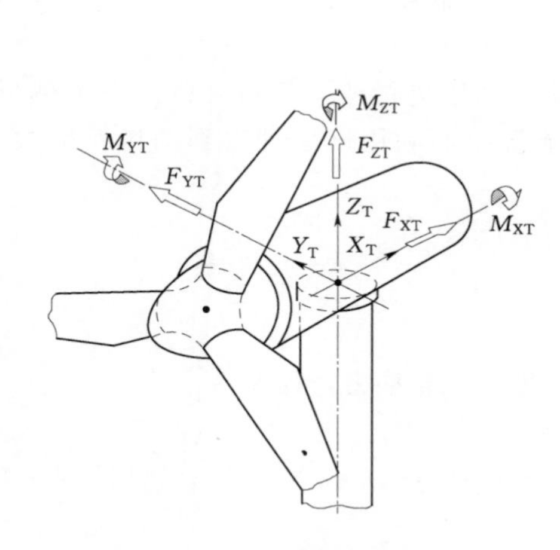

图 7－29 机舱载荷分布

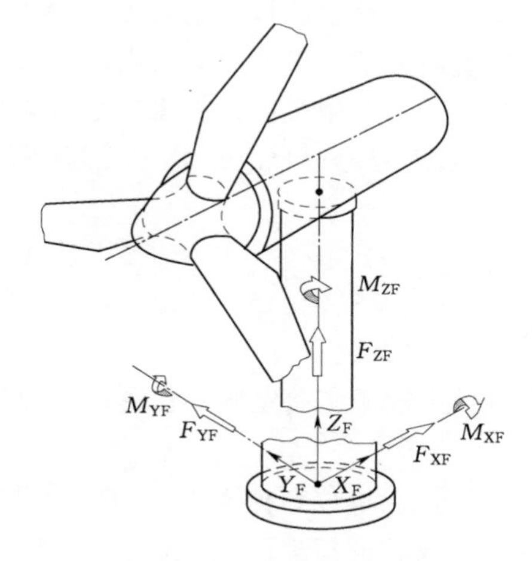

图 7－30 塔架载荷分布

塔架载荷包括轴向扭矩、截面和塔底弯矩、重力载荷等，以及作用于塔架的空气动力载荷（图 7－30）。

表 7－10 为塔架所受到的各种载荷、载荷来源。

表 7－10 塔 架 载 荷

序号	载荷代号	载荷名称	主 要 来 源
1	F_{XF}	塔架剪力	风轮传递来的气动载荷
2	F_{YF}	塔架剪力	风轮、机舱和塔架传递来的气动载荷
3	F_{ZF}	塔架压力	风轮、机舱和塔架自身的重力载荷
4	M_{XF}	翻转力矩	风轮、机舱和塔架自身的气动载荷
5	M_{YF}	俯仰力矩	风轮、塔架传递的气动载荷
6	M_{ZF}	塔架扭矩	风轮传递的气动载荷、偏航驱动载荷

以上载荷中，重力载荷和气动载荷是最重要的两种塔筒载荷，是塔架设计和校核考虑的首要因素。气动载荷主要指风轮产生的推力。风轮推力是指风轮来风作用下，风轮气动阻力造成风轮受到的轴向推力作用。风轮推力经主轴承、轴承座和主机架最终传递给塔架，在塔基处形成水平剪切力和倾覆力矩。风轮推力的计算方法分以下类型：

第一类方法：利用风速计算风轮推力载荷。苏联法杰耶夫和德国航空航天试验研究院主要采用该类方法，给出了风轮推力与风轮中心处的风速关系公式，式中引入了风轮的推力系数 C_t，即

$$F_{as}=\frac{1}{2}C_t\rho A_b v_s^2 B \tag{7-16}$$

式中 A_b——叶片的投影面积，m^2；

v_s——风轮中心处风速，m/s；

B——风轮的叶片数；

ρ——空气密度，kg/m^3。

不同研究机构给出的推力系数差别较大。法杰耶夫给出的推力系数 $C_t=1.28$；德国航空航天试验研究院给出的推力系数 $C_t=2.2$。

第二类方法：利用风压计算风轮推力载荷。利用测量或计算得到的风轮前侧风压力，代入风压作用面，计算风轮推力。荷兰国家能源中心利用该原理得到的风轮推力计算公式为

$$F_{as}=C_t q A_b B\varphi S \tag{7-17}$$

式中 q——作用于风轮的风压，N/m^2；

φ——动态系数。

丹麦可再生能源实验室则直接利用该原理推算风轮推力，即

$$F_{as}=P_1 A_s$$

式中 P_1——风轮单位扫掠面积上的平均风压，通常 $P_1=300N/m^2$；

A_s——风轮的扫掠面积，m^2。

塔架所承受的气动载荷，除了可以采用上述公式计算外，还可以利用流体力学计算方法进行数值计算，计算精度也很高。

实际设计中，塔架载荷较为复杂，包括重力载荷、惯性载荷、气动载荷、操作载荷、冰载荷和波流载荷等。而现有计算方法和软件工具不能完整考虑上述载荷情况。为了获得合理的设计结果，可适当简化载荷，并考虑未予计算的载荷，设定相应的载荷安全系数。载荷安全系数的推荐值可查阅 IEC 有关标准。

塔架设计可以只考虑：①发电状态下出现极端湍流条件时的极限载荷情况；②停机和故障状态下考虑极端风速条件的塔架载荷；③机组处于停机或空转状态下考虑极端风速模型条件的塔架载荷。

(2) 塔筒应力分析。塔筒是一端固定、有一定自重的悬臂梁，受机舱重力、风轮重力、塔架重力和气动推力的联合作用，最危险处位于塔底截面。塔筒在该截面处受到正应力、剪应力和扭转应力。

1) 正应力的计算。圆锥形塔架的应力分布规律是从塔顶到塔底应力逐渐增大，最危

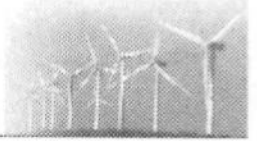

险截面位于塔架根部。塔架根部的应力计算公式为

$$\sigma=\frac{F_{as}(h_2+H)+\dfrac{F_{ts}H}{2}}{W}+\frac{G_1+G_2}{\Phi A} \tag{7-18}$$

式中 W——塔架根部抗弯截面模量，m^3；

F_{as}——风轮所受气动推力，N；

F_{ts}——塔架所受风压，N；

h_2——叶轮中心到塔架上部的距离，m；

H——塔架的高度，m；

A——塔架根部截面积，m^2；

G_1——塔架上方所受总重力，N；

G_2——塔架自身所受重力，N ；

Φ——锥形塔架的长度折减系数。

2）扭应力的计算。扭矩对塔顶的强度和机组运转影响很大。塔顶抗扭强度不足时，塔架扭角过大会影响机组效率，严重时会发生扭曲破坏。塔架设计时应进行塔顶抗扭强度和变形校核。可将塔架视为薄壁锥筒，用薄壁圆筒扭转理论方法计算。薄壁圆筒的横截面上各点处切应力可认为与圆周中心处相同，即不沿径向变化。薄壁圆筒受扭时横截面上的切应力 τ_1 处处相等，方向则垂直于相应的半径。若塔筒壁厚为 t，平均半径为 $r+t/2$，则薄壁圆筒横截面上内力的剪应力为

$$\int_A \tau_1 \mathrm{d}A\left(r+\frac{t}{2}\right)=M_z \tag{7-19}$$

即

$$\tau_1\left(r+\frac{t}{2}\right)\int_A \mathrm{d}A=\tau_1\left(r+\frac{t}{2}\right)2\pi\left(r+\frac{t}{2}\right)t=M_z$$

于是，得到

$$\tau_1=\frac{M_z}{2\pi t\left(r+\dfrac{t}{2}\right)^2} \tag{7-20}$$

式中 τ_1——扭剪应力，N/mm^2；

r——圆筒的内半径，mm；

M_z——扭矩，N·mm；

A——圆筒截面面积，mm^2；

t——塔筒壁厚，mm。

3）剪应力计算。塔筒在风轮推力和塔筒气动推力作用下，塔筒各截面处均产生一定的等效剪力。等效剪力 $V=F_{as}+F_{ts}$，塔顶处 $F_{ts}=0$，则 τ_2 的计算公式为

$$\tau_2=\frac{V}{2\pi t\left(r+\dfrac{t}{2}\right)} \tag{7-21}$$

式中 τ_2——剪应力，N/mm^2；

V——剪力，N。

（3）塔筒壁厚估算。塔架强度验算分为两部分：①满足抗弯、抗拉压和抗剪扭强度的验算；②满足折算应力，通过强度设计可给出塔架底部及顶部的钢管厚度。

塔架的最大折算应力为

$$\sigma_{max}=\frac{\sigma}{2}+\sqrt{\frac{\sigma^2}{2}+\tau^2}\leqslant[\sigma]=\frac{f_y}{\gamma_m} \tag{7-22}$$

塔架的最大剪应力为

$$\tau_{max}=\sqrt{\frac{\sigma^2}{2}+\tau^2}\leqslant[\tau]=\frac{f_v}{\gamma_m} \tag{7-23}$$

式中 τ——剪应力，N/mm^2，$\tau=\tau_1+\tau_2$；

σ——正应力，N/mm^2；

$[\tau]$——许用剪应力，N/mm^2；

$[\sigma]$——许用应力，N/mm^2；

f_y——屈服强度，N/mm^2；

f_v——剪切强度，N/mm^2；

γ_m——材料局部安全系数。

将前面初步确定的塔架底部直径和高度以及顶部直径、载荷代入式（7－22）、式（7－23）中，便可求到塔架筒壁的厚度。

7.3.3.4 塔架结构设计

锥筒式塔架简单描述就是由多段变截面、变锥度的锥筒通过法兰—螺栓连接而成的薄壁圆台。除了外部的多个钢制塔段外，锥筒式塔架还包括安全平台、爬梯、电缆架、塔门、助爬装置、塔外走梯及其附属设施等部件，总体结构如图7－31所示。

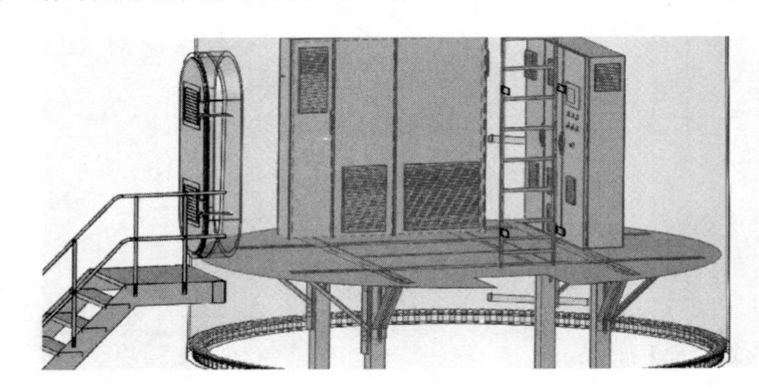

图7－31 透视状态下的塔架详细结构

1. 钢制塔段设计

锥筒式塔架是由2～3段钢制塔段构成的薄壁圆台。上塔段与偏航轴承连接，下塔段与基础筒连接。下塔段比上塔段承受了更大载荷，底径最大，上塔段的顶径最小，其余截面直径按照内插法计算，介于下塔段底径与上塔段顶径之间。

各塔段设计长度为20～30m、截面直径为2～5m，无法由一块完整的钢板卷制而成，可由多个卷制钢筒经过环向焊接而成。为了保证每个塔段的强度，要求各个卷制钢筒的纵向焊缝必须错位排布，图7－32为多塔段的结构原理图。

为了将各塔段连接成整体，每个塔段两端各焊接一个L形带颈平焊法兰。L形带颈平焊法兰是一种法兰面向内布置的平焊法兰，法兰的颈部与塔段的端面贴合并焊接在一起。L形带颈平焊法兰满足了塔段之间的连接要求，同时使螺栓置于塔架内部，便于安装和检修，更加美观（图7-33）。

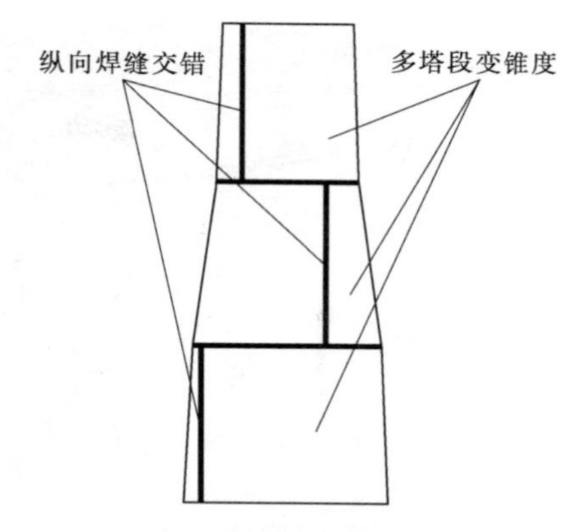

图7-32 塔架塔段图

两个相邻塔段靠L形带颈平焊法兰对接，必须严格保证L形带颈平焊法兰的平面度，以确保塔架的稳定、美观、防水，并减缓螺栓松动。而实际上，L形带颈平焊法兰的刚度较小，塔架受风轮推力弯曲变形或屈曲变形，均会导致法兰向面外翘曲，影响塔架整体刚度。国内某企业研发出了一种“反向平衡法兰”（图7-34），该法兰上焊接了一圈纵向加强板，使法兰的刚度得到提高。

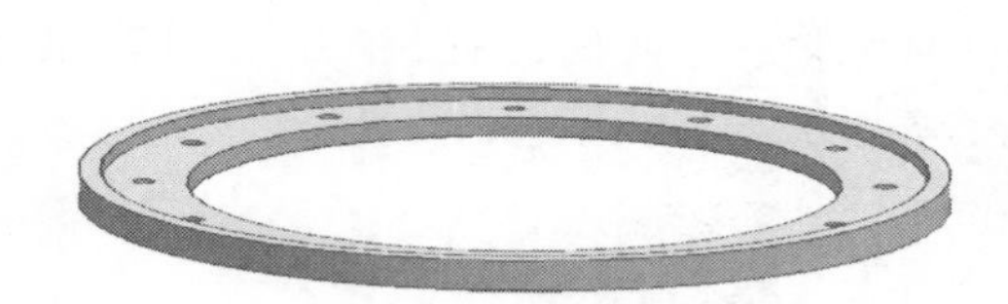
图7-33 风电塔架用L型法兰结构

图7-34 反向平衡法兰

2. 安全平台设计

安全平台是塔架内部的一种圆形平台，纵向排列，安装在塔筒内部。安全平台的功能包括三方面：①用于放置风力发电机组中的电气柜等设备，如塔底柜；②为维修人员提供休整和施工场地；③为塔段安装提供操作空间。为了达到以上目标，要求塔筒中设置多处安全平台，例如在塔筒连接法兰配合面以下1.0～1.5m配有安全平台，方便塔段连接和安装；与塔门底部平齐处设置安全平台，用作人员进出塔筒的缓步平台和放置塔底柜。

安全平台由防滑花纹钢板拼焊而成，平台上留有爬梯、电缆和提升装置的通道。为了增加安全平台的承重能力，要求用型钢制成安全平台的支撑钢梁，使平台在0.2m×0.2m区域内，至少能承受1.5kN的集中载荷，并能承受$3kN/m^2$的均布载荷，但最大承载载荷不能超过10kN。

从安装、检修、更换和安全考虑，安全平台不可直接焊接或螺栓连接到塔筒内壁，要在塔筒内壁焊接多个固定脚点，再将安全平台通过螺栓连接到固定脚点。这会造成安全平台与塔筒壁之间存在缝隙，要求平台和塔筒内壁间的缝隙最大不超过20mm，安全平台自身的尺寸偏差不超过其直径的1/200。

为了避免人员或物品从平台上坠落，要求平台开口大于0.1m×0.1m时，开口周围必须安装不低于50mm的安全围栏；若平台开口过大时，应设置平台盖板，尺寸大于平台开口，且能够90°以上翻转和定位（图7-35）。平台盖板重量不得大于10kg，边角处不

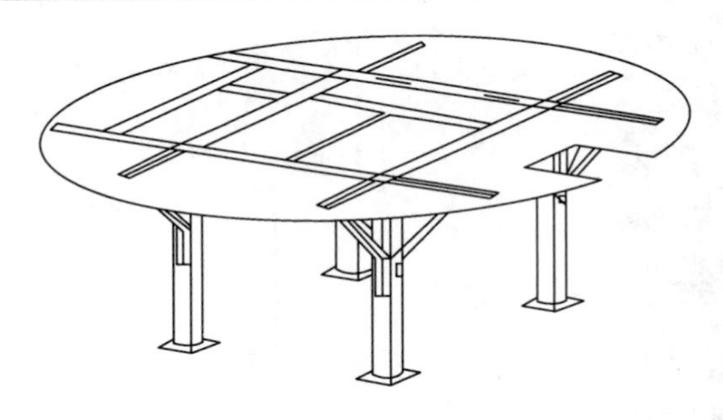

图7-35　塔底平台

得毛边，盖板铰链采用自锁螺母，便于安装和维修人员安全、方便地使用盖板。

3. 攀爬装置设计

攀爬装置是塔筒内供人员进入机舱的装置，包括塔筒内爬梯、塔筒外走梯及电力助爬装置等。塔筒内爬梯是一种由型钢焊接而成的梯子。梯子的踏板横梁宽度至少200mm，相邻踏板横梁的间距0.25～0.30m。塔筒内爬梯竖直安装于塔筒内部，与塔筒内壁保持0.2m以上距离。塔筒内有多段爬梯，最下方爬梯的底部高于塔底安全平台200～280mm，最上方爬梯的顶部应高于塔顶安全平台约1100mm。塔筒内爬梯如图7-36所示。

塔筒外走梯是一种焊接而成的楼梯状梯子，供人员进出塔筒。走梯台阶由花纹钢制成，台阶尺寸最小为0.5m×0.2m，沿走梯方向均布，台阶之间的水平间距h和竖直间距g应满足$0.6m \leqslant g+2h \leqslant 0.66m$。每个台阶必须能够承受3kN/m的均布载荷。走梯高度及台阶数量由风电场环境、机位及塔门位置而定，防止积水和海水倒灌筒内，积雪和沙尘封堵塔门。此外，如果走梯宽超过1200mm，要求走梯两侧设置扶手；走梯高度超过500mm，则应安装护栏。塔筒外走梯如图7-37所示。

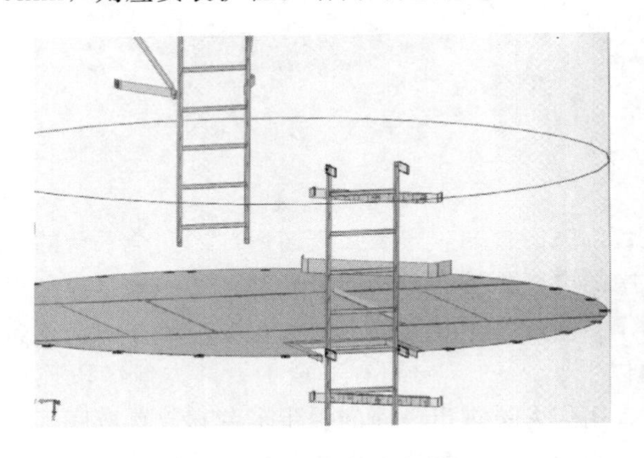

图7-36　塔筒内爬梯

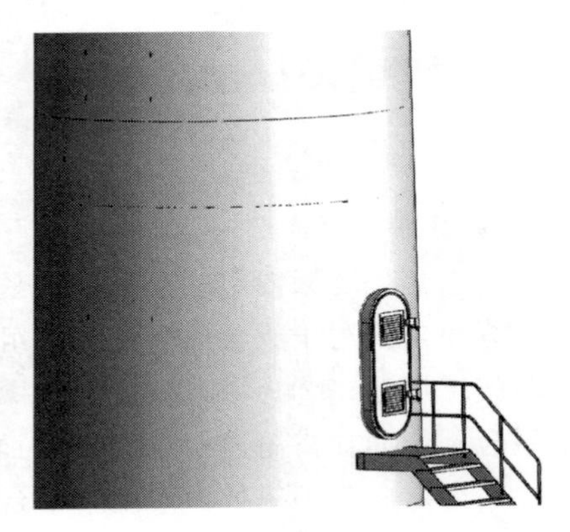

图7-37　塔筒外走梯

电动助爬装置是指助爬器或电梯。电动助爬装置是协助维护人员到达机舱或塔架内特定位置的装置。电梯不能代替爬梯，带有电梯的风力发电机组，爬梯必须作为电梯的冗余部件。从成本和空间考虑，电梯仅用于较大功率的风力发电机组。图7-38是风力发电机组用的电动助爬装置，可承担运维人员的部分体重，加快运维人员的攀爬速度，并节省体力。其中图7-38（a）中，顶轮安装于竖梯顶部的两个踏棍间；图7-38（b）的导向轮装置可避免牵引绳与竖梯或平台产生摩擦；图7-38（c）的防磨装置可避免牵引绳与爬梯产生摩擦；图7-38（d）的主机可为助爬器提供动力；图7-38（e）的牵引绳给攀爬人员提供牵引力；图7-39（f）的电控箱是独立的助爬器控制部分。

4. 电缆固定支架设计

风力发电机组采用的电力和通信电缆是一种铜芯柔性线缆，单位长度的重量较大。为

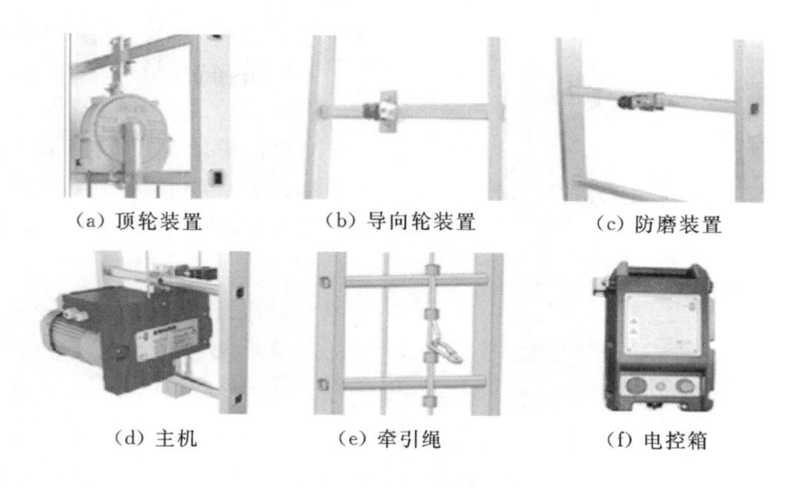

图 7-38 电动助爬装置

了保证悬垂状态的线缆安全、牢固，需要采用一些机械装置固定。一般塔架内均有电缆固定支架，一方面用于支撑电缆的悬垂重量，另一方面保持电缆固定，使电缆不随塔筒摇晃而摆动和敲击塔筒壁。图 7-39 为电缆固定支架结构，由上下两个夹板组成，夹板将若干电缆并排夹持和固定，保证了电缆与塔筒、电缆与电缆之间的相互位置关系。为了方便运维人员检查、维修和更换电缆，电缆固定支架与爬梯应保持适当距离，保证人员在自然状态下能够接触所有电缆。

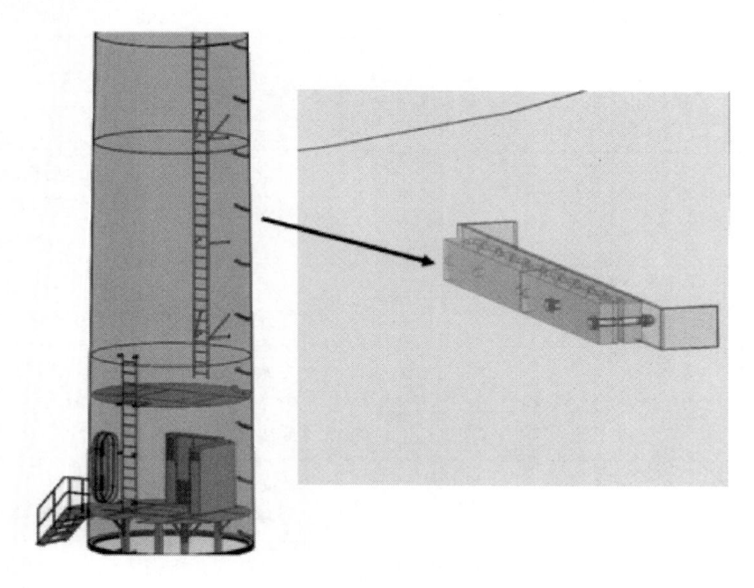

图 7-39 电缆固定支架结构

5. 塔门设计

塔门是塔架与外界进行物质交换的主要通道，便于人员、设备和工具的进出（图 7-40）。塔门开在接近塔底的位置。从材料力学角度看，塔门严重破坏了塔架结构。未经加

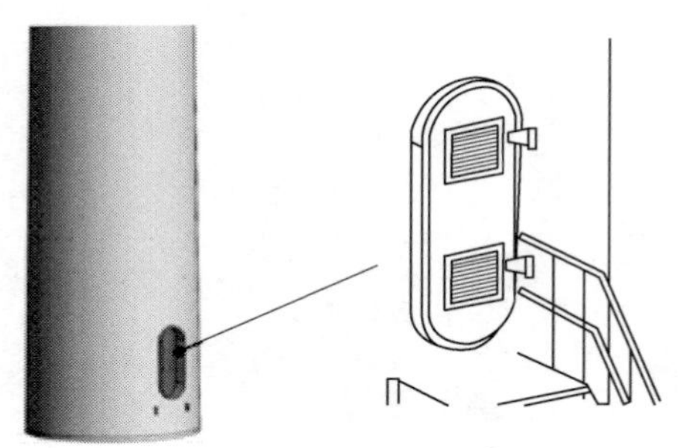

图7-40 塔架塔门

强的塔门，其附近会产生严重的应力集中。为了降低应力集中的影响，通常做法是将塔门制成长圆形结构，并在塔门边缘焊接一圈垂直于塔壁的加强筋。塔门要能够满足绝大多数人员、设备和工具进出塔筒。为了防止异物侵入到塔架内，塔门缺口处要覆盖一个与塔筒大小、形状相近的钢制门。

6. 防腐设计

塔架直接与外部环境接触，受大气、水和盐分等的侵蚀作用。为了保证塔筒在20年寿命期内结构可靠，必须严格进行防腐处理。塔架防腐设计要考虑采用排水结构、去棱边处理、避免不同金属直接接触、避免焊缝锈蚀等方面。此外，还要依据《色漆和清漆 防护涂料体系对钢结构的防腐保护》(ISO 12944-2—1998)，在塔筒内外壁刷上防腐涂层(表7-11)。以上ISO 12944-2—1998标准将腐蚀性环境分为若干类，要求陆上风力发电机组塔筒的内外表面分别为C3级、C4级防腐设计，海岸、潮间及海上风力发电机组塔筒内外表面分别按C4、C5-M进行防腐设计。塔筒防腐施工通常包括钢材表面处理、底漆、中间漆和面漆施工等步骤，涂层一般做4～5遍，最终涂装后要求4h之内不得淋雨。

表7-11 ISO 12944-2—1998典型的腐蚀环境分类

腐蚀分类		单位面积上质量的损失(暴露第一年后)				温和气候下的典型环境	
		低碳钢		锌		外部	内部
		质量损失/$(g \cdot m^{-2})$	厚度损失/μm	质量损失/$(g \cdot m^{-2})$	厚度损失/μm		
C1	很低	≤10	≤1.3	≤0.7	≤0.1		加热的建筑物内部，空气洁净，如办公室、商店、学校和宾馆等
C2	低	10～200	1.3～25	0.7～5	0.1～0.7	大气污染较低，大部分是乡村地带	未加热的地方，可能发生冷凝，如库房、体育馆
C3	中等	200～400	25～50	5～15	0.7～2.1	城市和工业大气，中等的二氧化硫污染，低盐度沿海区域	高湿度和某些空气污染的场所，如食品加工厂、洗衣场、酒厂、牛奶厂等
C4	高	400～650	50～80	15～30	2.1～4.2	高盐度的工业区和沿海区域	化工厂、游泳池、海船和船厂等
C5-1	很高(工业)	650～1500	80～200	30～60	4.2～8.4	高盐度和恶劣大气的工业区域	总是有冷凝和高湿热的建筑物
C5-M	很高(海洋)	650～1500	80～200	30～60	4.2～8.4	高盐度的沿海和离岸地带	总是处于高湿、高污染环境的建筑物或其他地方

此外，为了保证钢筒式塔架的施工质量，一般要求设计和施工单位应遵循GB

17888—2008 系列标准，包括《机械安全进入机械的固定设施 1　进入两级平面之间的固定设施的选择》(GB 17888.1—2008)、《机械安全进入机械的固定设施 2　工作平台和通道》(GB 17888.2—2008)、《机械安全进入机械的固定设施 3　楼梯、阶梯和护栏》(GB 17888.3—2008) 和《机械安全进入机械的固定设施 4　固定式直梯》(GB 17888.4—2008)。

参 考 文 献

[1] Tony Burton. 武鑫，译. 风能技术 [M]. 北京：科学出版社，2007.

[2] 姚兴佳，等. 风力发电机组理论与设计 [M]. 北京：机械工业出版社，2013.

[3] 姚兴佳，田德，等. 风力发电机组设计与制造 [M]. 北京：机械工业出版社，2012.

[4] 姚兴佳，宋俊，等. 风力发电机组原理与应用 [M]. 2版. 北京：机械工业出版社，2011.

[5] RisΦ国家实验室，挪威船级社. 风力发电机组设计导则 [M]. 杨校生，等，译. 北京：机械工业出版社，2011.

[6] 成大先，等. 机械设计手册 [M]. 北京：化学工业出版社，2008.

[7] 甘肃省质量技术监督局. DB62/T 1938—2010 风电塔架制造安装检验验收规范 [S]. 北京：中国水利水电出版社，2007.

[8] 中国标准化管理委员会. GB/T 19072—2010 风力发电机组 塔架 [S]. 北京：中国标准出版社，2010.

[9] 西安航空发动机（集团）有限公司，中国机械工业联合会. JB/T 10427—2004 风力发电机组一般液压系统 [S]. 北京：机械工业出版社，2004.

[10] 机械科学研究总院中机生产力促进中心. GB 17888.2—2008 机械安全 进入机械的固定设施 [S]. 北京：中国标准出版社，2008.

[11] 郑州机械研究所. GB/T 3480—1997 渐开线圆柱齿轮承载能力计算方法 [S]. 北京：中国标准出版社，1997.

[12] 天津工程机械研究所. JB/T 2300—2011 回转支承 [S]. 北京：中国标准出版社，2011.

[13] 交通运输部. JTG B01—2014 公路工程技术标准 [S]. 北京：中国标准出版社，2014.

[14] 魏列江，王栋梁，刘英. 风电机组液压独立变桨距系统的设计与分析 [J]. 液压与气动，2012（3）.

[15] 张宏伟，邢振平，刘河，等. 兆瓦级风电机组变桨轴承设计与技术要求 [J]. 风能，2010（9）.

[16] 于宏伟. 轴承的理论寿命和修正寿命计算方法浅论 [J]. 精密制造与自动化，2009（3）.

[17] 刘卫. 风电机组风轮直径确定的方法 [J]. 风能，2013（3）.

[18] 贾福强，高英杰，杨育林，等. 风力发电中液压系统的应用概述 [J]. 液压气动与密封，2010（8）.

编委会办公室

主　任　胡昌支　陈东明

副主任　王春学　李　莉

成　员　殷海军　丁　琪　高丽霄　王　梅
　　　　邹　昱　张秀娟　汤何美子　王　惠

本书编辑出版人员名单

总责任编辑　陈东明

副总责任编辑　王春学　马爱梅

责任编辑　丁　琪　李　莉

封面设计　李　菲

责任校对　张　莉　梁晓静　吴翠翠

责任印制　帅　丹　王　凌　孙长福